智慧城市实践系列丛书

智慧安监实践

SMART SAFETY SUPERVISION PRACTICE

主 编 张燕林

人民邮电出版社
北 京

图书在版编目（CIP）数据

智慧安监实践 / 张燕林主编. -- 北京 : 人民邮电出版社, 2020.7(2024.7重印)
（智慧城市实践系列丛书）
ISBN 978-7-115-54068-3

Ⅰ. ①智… Ⅱ. ①张… Ⅲ. ①智能系统－应用－安全管理－监督管理－研究 Ⅳ. ①X915.2-39

中国版本图书馆CIP数据核字(2020)第091589号

内容提要

本书共三篇10章，第一篇是理论篇，讲述了安全监管领域的信息化趋势、智慧安监概述、智慧安监的支撑技术等内容；第二篇是路径篇，讲述了智慧安监顶层设计、智慧安监云平台建设、安全生产应急救援指挥系统、企业安全生产信息化系统的建设等内容；第三篇是案例篇，通过3个案例对智慧安监实践进行了解读。本书适合智慧安监建设的政府管理者、智慧安监建设企业及方案提供商和设备商、智慧城市与智慧安监的研究者、智慧城市与智慧安监专业的学生阅读，也可供对相关内容感兴趣的人士阅读。

◆ 主　　编　张燕林
责任编辑　贾朔荣
责任印制　彭志环

◆ 人民邮电出版社出版发行　　北京市丰台区成寿寺路 11 号
邮编　100164　　电子邮件　315@ptpress.com.cn
网址　https://www.ptpress.com.cn
固安县铭成印刷有限公司印刷

◆ 开本：700×1000　1/16
印张：14.5　　2020 年 7 月第 1 版
字数：280 千字　　2024 年 7 月河北第 2 次印刷

定价：98.00 元

读者服务热线：(010)53913866　印装质量热线：(010)81055316
反盗版热线：(010)81055315

智慧城市实践系列丛书

编　委　会

申长江　　中国生产力促进中心协会常务副理事长、秘书长

聂梅生　　全联房地产商会创会会长

郑效敏　　中华环保联合会粤港澳大湾区工作机构主任

乔恒利　　深圳市建筑工务署署长

杜灿生　　天安数码城集团总裁

陶一桃　　深圳大学一带一路国际合作发展（深圳）研究院院长

曲　建　　中国（深圳）综合开发研究院副院长

胡　芳　　华为技术有限公司中国区智慧城市业务总裁

邹　超　　中国建筑第四工程局有限公司副总经理

张　嘉　　中国建筑第四工程局有限公司海外部副总经理

张运平　　华润置地润地康养（深圳）产业发展有限公司常务副总经理

熊勇军　　中铁十局集团城市轨道交通工程有限公司总经理

孔　鹏　　清华大学建筑可持续住区研究中心（CSC）联合主任

熊　榆　　英国萨里大学商学院讲席教授

林　熹　　哈尔滨工业大学材料基因与大数据研究院副院长

张　玲　　哈尔滨工程大学出版社社长兼深圳海洋研究院筹建办主任

吕　珍　　粤阳投资控股（深圳）有限责任公司董事长

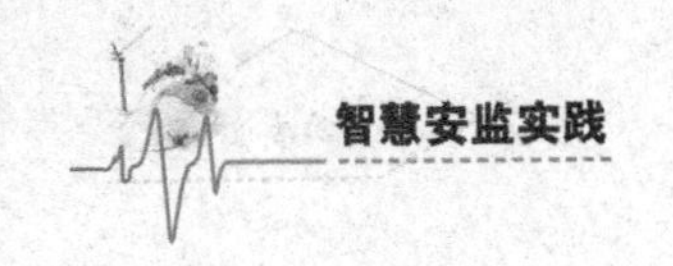

序言1

中国生产力促进中心协会策划、组织编写了《智慧城市实践系列丛书》（以下简称《丛书》），该《丛书》入选了原国家新闻出版广电总局的“十三五”国家重点出版物出版规划项目，这是一件很有价值和意义的好事。

智慧城市的建设和发展是我国的国家战略。国家“十三五”规划指出：“要发展一批中心城市，强化区域服务功能，支持绿色城市、智慧城市、森林城市建设和城际基础设施互联互通”。中共中央、国务院印发的《国家新型城镇化规划（2014—2020年）》以及国家发展和改革委员会、工业和信息化部、科技部等八部委印发的《关于促进智慧城市健康发展的指导意见》均体现出中国政府对智慧城市建设和发展在政策层面的支持。

《智慧城市实践系列丛书》聚合了国内外大量的智慧城市建设与智慧产业案例，由中国生产力促进中心协会等机构组织国内外近300位来自高校、研究机构、企业的专家共同编撰。该《丛书》注重智慧城市与智慧产业的顶层设计研究，注重实践案例的剖析和应用分析，注重国内外智慧城市建设与智慧产业发展成果的比较和应用参考。《丛书》还注重相关领域新的管理经验并编制了前沿性的分类评价体系，这是一次大胆的尝试和有益的探索。该《丛书》是一套全面、系统地诠释智慧城市建设与智慧产业发展的图书。我期望这套《丛书》的出版可以为推进中国智慧城市建设和智慧产业发展，促进智慧城市领域的国际交流，切实推进行业研究以及指导实践起到积极的作用。

中国生产力促进中心协会以该《丛书》的编撰为基础，专门搭建了“智慧城市研究院”平台，将智慧城市建设与智慧产业发展的专家资源聚集在平台上，持续推动对智慧城市建设与智慧产业的研究，为社会不断贡献成果，这也是一件十分值得鼓励的好事。我期望中国生产力促进中心协会通过持续不断的努力，将该平台建设成为在中国具有广泛影响力的智慧城市研究和实践的智库平台。

“城市让生活更美好，智慧让城市更幸福”，期望《丛书》的编著者“不忘初心，以人为本”，坚守严谨、求实、高效和前瞻的原则，在智慧城市的规划建设实践中，不断总结经验，坚持真理，修正错误，进一步完善《丛书》的内容，努力扩大其影响力，为中国智慧城市建设及智慧产业的发展贡献力量，也为“中国梦”增添一抹亮丽的色彩。

中国科学院院士
科技部原部长　徐冠华

序言2

中国正成为世界经济中的技术和生态方面的领导者。中国的领导人以极其睿智的目光和思想布局着全球发展战略。《智慧城市实践系列丛书》(以下简称《丛书》)以中国国家“十三五”规划的重点研究成果的方式出版，这项工程填补了世界范围内的智慧城市研究的空白，也是探索和指导智慧城市与产业实践的一个先导行动。本《丛书》的出版体现了编著者、中国生产力促进中心协会以及国际智慧城市研究院的强有力的智慧洞见。

中国为了保持在国际市场的蓬勃发展和竞争能力，必须加快步伐跟上这场席卷全球的行动。这一行动便是被称作“智慧城市进化”的行动。中国政府和技术研发与实践者已经开始了有关城市的变革，不然就有落后于其他国家的风险。

发展中国智慧城市的目的是促进经济发展，改善环境质量和民众的生活质量。建设智慧城市的目标只有通过建立适当的基础设施才能实现。基础设施的建设可基于“融合和替代”的解决方案。

中国成为智慧国家的一个重要因素是加大国有与私有企业之间的合作。其都须有共同的目标，以减少碳排放。一旦合作成功，民众的生活质量和幸福程度将得到很大的提升。

我对该《丛书》的编著者极为赞赏，他们包括国际智慧城市研究院院长吴红辉先生及其团队、中国生产力促进中心协会的隆晨先生。通过该《丛书》的发行，所有的城市都将拥有一套协同工作的基础，从而实现更低的碳排放、更低的基础设施总成本以及更低的能源消耗，拥有更清洁的环境。更重要的是，该《丛书》还将成为智慧产业及技术发展可参考的理论依据以及从业者可以借鉴的范本。

未来，中国将跨越经济、环境和社会的界限，成为一个智慧国家。

上述努力会让中国以一种更完善的方式发展，最终的结果是国家不断繁荣，中国民众的生活水平不断提升。中国将是世界上所有想要更美好生活的国家所参照的“灯塔”。

迈克尔·侯德曼

IEEE/ISO/IEC – 21451 – 工作组成员
UPnP+ – IoT, 云和数据模型特别工作组成员
SRII – 全球领导力董事会成员
IPC-2-17- 数据连接工厂委员会成员
CYTIOT 公司创始人兼首席执行官

序言3

随着全球化的发展，新一代人工智能、5G、区块链、大数据、云计算、物联网等技术正改变着我们的工作及生活方式，大量的智能终端已应用于人类社会的各个场景。虽然“智慧城市”的概念提出已有很多年，但作为城市发展的未来形式，“智慧城市”面临的问题仍然不少，但最重要的是，我们如何将这种新技术与人类社会实际场景有效地结合起来。

从传统理解上看，人们认为利用数字化技术解决公共问题是政府机构或者公共部门的责任，但实际情况并不尽然。虽然政府机构及公共部门是近七成智慧化应用的真正拥有者，但这些应用近六成的原始投资来源于企业或私营部门，可见，地方政府完全不需要自己主导提供每一种应用和服务。目前，许多城市采用了构建系统生态的方法，通过政府引导以及企业或私营部门合作投资的方式，共同开发智慧化应用创新解决方案。

打造智慧城市最重要的动力来自政府管理者的强大意愿，政府和公共部门可以思考在哪些领域适当地留出空间，为企业或其他私营部门提供创新的余地。合作方越多，应用的使用范围就越广，数据的使用也会更有创意，从而带来更高的效益。

与此同时，智慧解决方案也正悄然地改变着城市基础设施运行的经济模式，促使管理部门对包括政务、民生、环境、公共安全、城市交通、废弃物管理等在内的城市基本服务提供方式进行重新思考。对企业而言，打造智慧城市无疑为其创造了新的机遇。因此，很多城市的多个行业已经逐步开始实施智慧化的解决方案，变革现有的产品和服务方式。比如，药店连锁企业开始变身成为远程医药提供商，而房地产开发商开始将自动化系统、传感器、出行方案等整合到其物业管理系统中，形成智慧社区。

未来的城市

智慧城市将基础设施和新技术结合在一起，以改善人们的生活质量，并加强他们与城市环境的互动。但是，如何整合与有效利用公共交通、空气质量和能源生产等数据以使城市更高效有序地运行呢？

5G时代的到来，高带宽与物联网（IoT）的融合，都将为城市运行提供更好的解决方案。作为智慧技术之一，物联网使各种对象和实体能够通过互联网相互通信。通过创建能够进行智能交互的对象网络，各行业开启了广泛的技术创新，这有助于改善政务、民生、环境、公共安全、城市交通、能源、废弃物管理等方面的情况。

通过提供更多能够跨平台通信的技术，物联网可以生成更多数据，有助于改善日常生活的各个方面。

效率和灵活性

通过建设公共基础设施，智慧城市助力城市高效运行。巴塞罗那通过在整座城市实施的光纤网络中采用智能技术，提供支持物联网的免费高速Wi-Fi。通过整合智慧水务、照明和停车管理，巴塞罗那节省了7500万欧元的城市资金，并在智慧技术领域创造了47000个新的工作岗位。

荷兰已在阿姆斯特丹测试了基于物联网的基础设施的使用情况，其基础设施根据实时数据监测和调整交通流量、能源使用和公共安全情况。与此同时，在美国，波士顿和巴尔的摩等主要城市已经部署了智能垃圾桶，这些垃圾桶可以提示可填充的程度，并为卫生工作者确定最有效的路线。

物联网为愿意实施智慧技术的城市带来了机遇，大大提高了城市的运营效率。此外，各高校也在最大限度地发挥综合智能技术的影响力。大学本质上是一座“微型城市”，通常拥有自己的交通系统、小企业以及学生，这使其成为完美的试验场。智慧教育将极大地提高学校老师与学生的互动能力、学校的管理者与教师的互动效率，并增强学生与校园基础设施互动的友好性。在校园里，您的手机或智能手表可以提醒您课程的情况以及如何到达教室，为您提供关于从图书馆借来的书籍截止日期的最新信息，并告知您将要逾期。虽然与全球各个城市实践相比，这些似乎只是些小改进，但它们可以帮助需要智慧化建设的城市形成未来发展的蓝图。

未来的发展

随着智慧技术的不断发展和城市中心的扩展，两者的联系将更加紧密。例如，美国、日本、英国都计划将智慧技术整合到未来的城市开发中，并使用大数据技术来完善、升级国家的基础设施。

非常欣喜地看到，来自中国的智慧城市研究团队，在吴红辉院长的带领下，正不断努力，总结各行业的智慧化应用，为未来智慧城市的发展提供经验。非常感谢他们卓有成效的努力，希望智慧城市的发展，为我们带来更低碳、安全、便利、友好的生活模式!

中村修二　2014 年诺贝尔物理学奖得主

Preface

前 言

安全生产事关人民群众生命财产安全，事关经济发展和社会稳定大局。信息产业快速发展给安全生产信息化带来了机遇。以物联网和云计算为重点的新一代信息技术已成为我国重点发展的战略性新兴产业。信息化建设进一步增强了对企业安全生产的支撑作用。随着信息化与工业化的深度融合，信息化将不断渗透到生产经营活动的每个过程，融入安全生产及管理的各个环节。通过物联网等信息化手段对人的不安全行为、物的不安全状态、环境的不安全条件进行有效监测和预警，实现企业安全生产信息的采集、处理和分析，是提高企业安全生产水平的有效途径。企业与行业管理部门和安全监管监察机构之间的互联互通和信息共享，是企业落实安全生产主体责任的重要手段。

在安全监管业务应用方面，虽然各级政府的安全监管机构都建立了官方门户，但是信息化尚未全面、深入融入安全生产的核心业务，这会影响安全生产信息化工作的成效，从而极大地制约综合指挥的效率。总体而言，各级部门的应急指挥调度系统存在以下问题。

第一，协同调度性能差。目前，行业采用的指挥调度系统依然基于传统电路交换技术和常规对讲技术，只能进行本部门、本地化部署，无法实现分布式部署和远程指挥调度，无法满足各部门之间协同调度和统一指挥的要求。

第二，各指挥系统相互独立，不便于指挥人员的指挥调度。

第三，应急指挥调度功能简单，不能满足现阶段的全方位需求。目前应用于安全生产的指挥调度系统功能简单，只能实现简单的拨号呼叫、对讲呼叫、强插、强拆等基本功能，不能满足现阶段对城市应急指挥调度的新需求，如视频联动调度、地理信息系统联动调度、手机可视对讲调度、3D 实景调度、短信调度、应急业务系统联动调度等。

第四，各子系统无法融合，导致系统的信息存在大量的“孤岛”。随着国内通信现代化建设，各级安全监督监察部门逐步建立起协同办公系统、语音调度系统、语音会议系统、视频会议系统、视频监控系统、地理信息系统、综合指挥系统，但各系统间缺乏紧密的互动和协作，导致大量“信息孤岛”的存在，难以在效率上取得进一步的提高。

智慧安监实践可以解决以上问题。智慧安监是基于物联网技术和信息化网络，广泛使用计算机、光纤、无线通信设备、红外设备、传感设备、监控设备等，满足安全监管监察、应急救援等工作数字化、网络化、智能化需求的智能安全监管手段。智慧安监系统能够实现对相关人员不安全行为和事物不安全状态的监控，并迅速、灵活、正确地理解（预测）和解决（启动安全设备或报警）相关问题，有效地为安全生产保驾护航。

基于此，我们从理论、政策、专业及实用性、实操性几个方面着手编写了本书，供从事智慧安监实践的各级职能管理人员、相关从业人员、企业负责人阅读和参考。

本书共三篇10章，第一篇是理论篇、第二篇是路径篇、第三篇是案例篇，全书通过流程图、表的形式呈现智慧安监实践的理论和具体操作内容，讲解通俗易懂，读者可以快速掌握重点。第一篇讲述了安全监管领域的信息化趋势、智慧安监概述、智慧安监的支撑技术等内容；第二篇讲述了智慧安监顶层设计、智慧安监云平台建设、安全生产应急救援指挥系统、企业安全生产信息化系统的建设等内容；第三篇通过3个案例对智慧安监实践进行了解读。

通过阅读本书，读者可以切身体会到智慧安监建设的方方面面以及我国在智慧安监领域的努力方向及建设思路。

智慧安监建设的政府管理者通过阅读本书，能系统全局地了解智慧安监建设的架构设计、系统规划、实现路径。

智慧安监建设企业及方案提供商、设备供应商通过阅读本书，可以更系统地了解智慧安监建设的各个方面的内容以及如何实际应用智慧安监的相关内容。

智慧城市与智慧安监的研究者通过阅读本书，可以系统地了解智慧城市各个领域以及智慧安监建设的最新成果。

智慧城市、智慧安监专业的大学生、研究生通过阅读本书，可以系统地了解智慧安监的知识体系及目前国内外智慧安监应用的最新动态。

本书在编辑整理的过程中，获得了职业院校、安监机构、企业一线安监人员的帮助和支持，在此对他们付出的努力表示感谢！同时，由于编者水平有限，加之时间仓促，错误疏漏之处在所难免，敬请读者批评指正。本书部分图片与文字内容引自互联网媒体，由于时间比较紧，未能一一与原作者进行联系，请原作者看到本书后及时与编者联系，以便表示感谢并支付稿酬。

编者

Contents
目 录

第一篇 理论篇

第二篇 路径篇

第三篇 案例篇

第一篇

理　论　篇

第1章

安全监管领域的信息化趋势

以物联网和云计算为重点的新一轮信息技术已成为我国重点发展的战略性新兴领域。信息产业持续发展，信息网络广泛普及，给安全生产信息化建设和应用带来了难得的机遇。

信息化建设进一步增强了对企业安全生产的支撑作用。随着信息化与工业化的深度融合，信息化将不断渗透到生产经营活动的各个过程，融入安全生产管理的各个环节。通过物联网等信息化手段对人的不安全行为、物的不安全状态、环境的不安全条件进行有效监测和预警，实现企业安全生产信息的采集、处理和分析，是提高企业安全生产水平的有效途径。企业与行业管理部门和安全监管监察机构之间的互联互通和信息共享，是企业落实安全生产主体责任的重要手段。

1.1 信息化简介

1.1.1 信息化的定义

信息化是指培养、发展以计算机为核心的智能化生产工具（智能化生产工具又称信息化生产工具，一般必须具备信息获取、信息传递、信息处理、信息再生、信息利用等功能）等新生产力，并使之造福社会的历史过程。与智能化生产工具相适应的生产力，被称为信息化生产力。智能化生产工具与过去生产力中的生产工具的区别在于，它不是孤立分散的，而是一个具有庞大规模的、自上而下的、有组织的信息网络体系。这种网络性生产工具将改变人们的生产方式、工作方式、学习方式、交往方式、生活方式、思维方式等，将使人类社会发生极其深刻的变化。

国家信息化就是在国家统一规划和组织下，在农业、工业、科学技术、国防及社会生活各个方面应用现代化信息技术，深入开发、广泛利用信息资源，加速实现国家现代化进程的过程。国家信息化体系的构建需要以下 6 个要素的支撑：开发利用信息资源、建设国家信息网络、推进信息技术应用、发展信息技术和产业、培育信息化人才、制定和完善信息化政策。

1.1.2 信息化的内涵和层次

1.1.2.1 信息化的内涵

信息化生产力是迄今为止人类最先进的生产力，它要求与先进的生产关系和上层建筑相适应，一切不适应该生产力的生产关系和上层建筑将随之改变。完整的信息化内涵包括以下 4 个方面的内容，如图 1-1 所示。

1.1.2.2 信息化的层次

1. 产品信息化

产品信息化是信息化的基础，包含两层意思：一是产品所含各类信息的比重

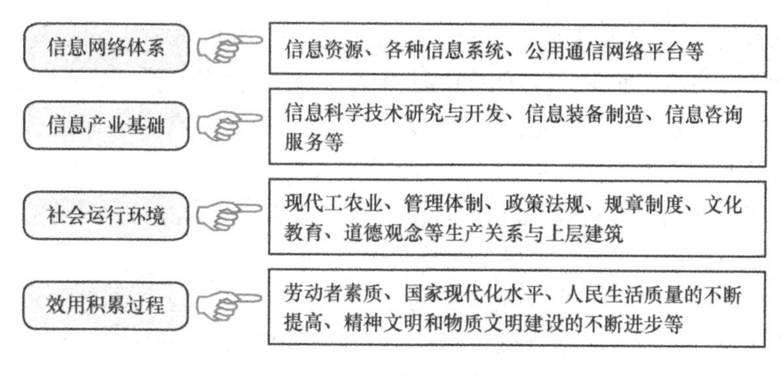

信息网络体系
信息资源、各种信息系统、公用通信网络平台等
信息产业基础
信息科学技术研究与开发、信息装备制造、信息咨询服务等
社会运行环境
现代工农业、管理体制、政策法规、规章制度、文化教育、道德观念等生产关系与上层建筑
效用积累过程
劳动者素质、国家现代化水平、人民生活质量的不断提高、精神文明和物质文明建设的不断进步等

图1-1 信息化的内涵

日益增大，所含物质比重日益降低，即由物质产品的特征向信息产品的特征迈进；二是越来越多的产品中嵌入智能化元器件，产品具有越来越强的信息处理功能。

2. 企业信息化

企业信息化是国民经济信息化的基础，是指企业在产品的设计、开发、生产、管理、经营等多个环节中广泛利用信息技术，并大力培养信息人才，完善信息服务，加速企业信息系统建设的过程。

3. 产业信息化

产业信息化指农业、工业、服务业等产业广泛利用信息技术，大力开发和利用信息资源，建立各种类型的数据库和网络，实现产业内各种资源、要素的优化与重组，从而实现产业升级的过程。

4. 国民经济信息化

国民经济信息化是指在经济大系统内实现统一的信息大流动，使金融、贸易、投资、营销等领域组成一个信息大系统，使生产、流通、分配、消费这 4 个经济环节通过信息进一步连成一个整体的过程。

5. 社会生活信息化

社会生活信息化是指包括经济、科技、教育、军事、政务、日常生活等在内的整个社会体系采用先进的信息技术，建立各种信息网络，大力开发与人们日常生活相关的信息内容，丰富人们的精神生活，拓展人们的活动时空的过程。当社会生活极大程度实现信息化以后，人们将会进入信息社会。

1.1.3 信息化在我国的发展过程

我国政府信息化建设是沿着“机关内部办公自动化—管理部门的电子化工

程（如金关工程、金税工程等‘金’字工程）—全面的政府上网工程”这一条线路展开的。总体而言，我国的政府信息化进程共经历了4个阶段，即起步阶段、推进阶段、发展阶段和高速发展阶段，以下重点介绍高速发展阶段，即2002年至今。

2002年是政府信息化建设逐渐由概念变成现实，由含混转为清晰的一年，国家开始不断培养政府信息化发展的宏观环境。

2002年7月3日，在国家信息化领导小组第二次会议上，国务院组织了上百位专家研究电子政务，并且明确了“十五”期间我国电子政务的目标以及发展战略框架，将政府信息化建设纳入一个全新的整体发展体系。

国家对政府信息化的空前重视，为未来一段时间电子政务在我国的发展开辟了广阔空间，为政府和企业搭起了共同发展的平台。

我国政府信息化建设经过近20年的发展，已经取得了阶段性的成果：各类政府机构信息技术应用基础设施建设已经相当完备，网络建设在“政府上网工程”的推动下已有长足的进展，大部分政府职能部门如税务、工商、海关、公安等已建成了覆盖全系统的专网。

1.2 信息化在安全监管领域的作用

1.2.1 信息化手段服务于安全监管工作

在提高安全生产监督管理的知识含量、技术含量、管理水平以及队伍建设等方面，信息化起到了不可替代的作用。

1. 通过信息化手段拓展安全监管的手段

针对安全生产数据信息急剧增加以及管理工作日益复杂带来的挑战，相关人员可通过研究和开发重大危险源普查建档、安全生产监控及电子台账软件等应对，这有利于实现对安全生产的现场监督，有利于安全生产工作重心下移，有利于安全生产管理部门和企业经营者科学管理，有利于使重特大事故和重大隐患被消灭在萌芽阶段。实现企业安全生产信息全面动态的点对点管理，就是信息化工作在管理方面的深入。

2. 通过信息化手段扩大安全监管部门的服务范围

国家提出积极探索、建立高危行业生产安全许可制度，安全生产部门要实现监管与服务并重，服务是责任，也是一种好的管理方法。信息化可以使管理方法更加丰富，如武汉市推广实施的“前置互联审批”工作，对新注册登记的涉及人民生命财产安全的危险化学品和易燃易爆相关企业，实行“一网式服务”，即“互联审批”办法。这样，企业可以足不出户地申请、办理有关审批手续并开展其他政务工作。

3. 通过信息化手段扩大安全培训教育面

相关机构在安全培训中采用计算机多媒体和网络教学手段，可以有效地扩大培训面，提高培训效率。同时，信息技术的发展使计算机仿真培训成为现实，它能模拟实际生产系统的环境，可在有效预防事故方面发挥作用。

1.2.2 安全生产监察信息管理统计与分析信息化的作用

随着社会主义市场经济体制的逐步建立和完善，安全生产监察信息管理统计与分析信息化将越来越重要，它的作用如图 1-2 所示。

1 利用先进的计算机和网络技术系统地搜集、整理、存储和提供大量的以数量描述为基本特征的丰富的信息资源

2 利用已掌握的丰富的信息资源，运用科学的方法进行综合分析，建立统计模型，根据需要生成各种分析表以及各种柱状、饼状和趋势图，实现分析预测的目的

3 利用数据仓库技术，建立模型方案库，帮助决策者解决高度结构化、半结构化及非结构化的问题，为科学决策和管理提供咨询建议

4 利用统计与分析信息，对安全监察情况进行监测和预警，揭示安全监督监察工作中出现的偏差，提出矫正意见，预警可能出现的问题，提出对策，以促进安全监察工作的健康发展

图1-2 安全生产监察信息管理统计与分析信息化的作用

1.2.3 信息化实践对安全监管部门的要求

信息化实践对安全监管部门的要求如图 1-3 所示。

1 提高干部素质，为监管手段创新打下基础

安全监管的当务之急是加强对安监人员通过网络掌握知识和使用技能的培训，更新其知识结构，使其掌握与新的岗位相适应的信息技术，并学会利用这些新技术提高工作效率，增强协作和信息处理的能力

2 规范监管程序

保证依法监管，杜绝不作为、乱作为，是执法建设工作的重要内容，而网络正好可以帮助我们实现这一目标。它严格按照规定好的程序运行，为我们利用计算机程序完善内部管理机制创造了条件，相关部门及人员要充分利用这种条件规范监管程序

3 接受社会监督

法治社会的发展要求安全生产监管要实现管理行为的公开化、透明化，广泛接受社会监督。在这一点上，网络是一种新途径。很多部门已在网上建立了自己的网站和主页，将与办公相关的政务文件公开。相关部门及人员应该充分利用，建立公开的社会监督机制

图1-3 信息化实践对安全监管部门的要求

1.3 安全监管领域信息化发展现状

1.3.1 安全监管领域信息化的发展成效

“十一五”期间，各级安全监管监察机构切实加强政务信息化建设，原国家

安全生产监督管理总局基于互联网的外网平台和涉密网平台，通过开展国家安全生产信息系统（“金安”工程）一期项目、国家安全生产应急平台项目等一批重大政务信息化工程，初步构建了基于政务外网的专网平台及数据库。安全生产信息化服务体系如图 1-4 所示，其为安全监管监察、应急管理和社会公共服务提供了有效的信息技术保障。

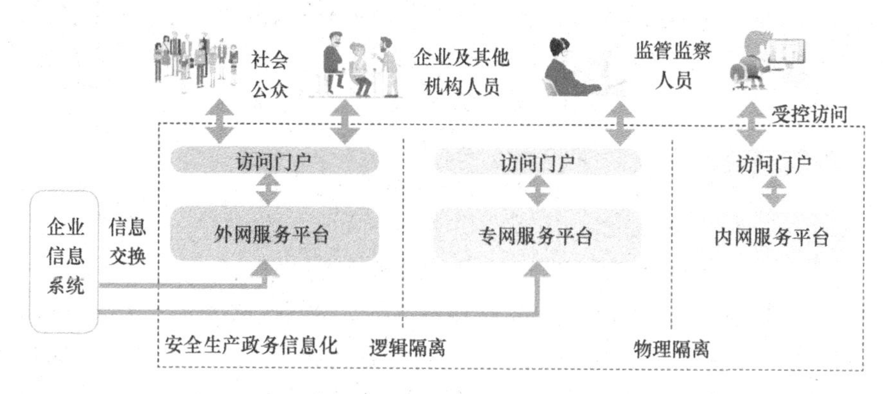

图1-4 安全生产信息化服务体系

同时，原国家安全生产监督管理总局引导和推动煤矿、非煤矿山、危险化学品等重点行业企业开展了安全监测监控、人员定位管理、应急避险和隐患排查治理等一批安全生产信息化工程，不同程度地提升了企业防范安全事故和实现安全管理的能力和水平。原国家安全生产监督管理总局及部分地方安全监管监察机构成立了信息化工作领导机构，进一步加强信息化工作的组织领导和统筹协调。安全生产信息化建设、应用和服务等工作开始步入规范发展的轨道，信息化为政府实施安全监管监察以及企业加强安全管理提供了保障，主要成效表现为以下几个方面。

1. 实施“金安”工程一期项目

“金安”工程一期项目的实施，为各级安全监管监察机构构建基于安全生产基础业务的资源专网及其应用系统提供了支撑。依托国家电子政务外网和多种网络资源，该项目建成了覆盖全国各级的煤矿安全监察机构、省级安全监管机构和大部分市（县）级安全监管机构的互联互通的广域网络，实现了各级安全监管监察机构间数据、语音和视频信息的传输和处理；初步建成了面向安全监管监察及行政执法、调度与统计、矿山应急救援等业务的信息系统；建立了企业安全生产基本情况、事故和执法统计等基础业务数据库；建成了原国家安全生产监督管理总局非涉密业务办公、网络舆情分析和电子公文传输等系统。项目为各级安全监管监察机构的日常行政办公、安全监管监察和事故应急管理等工作提供了基本的数据支撑，不同程度地提高了信息化对安全监管监察和行政执法的保障能力。

2. 推进安全生产政务公开和网上为民服务

依托互联网推进安全生产政务公开和网上为民服务的发展，进一步提高了面向社会公众和企业的服务水平。全国省级以上的安全监管监察机构、80% 的市（地）级和 50% 的县级机构基于互联网络建成了政府门户网站系统，及时发布安全生产政务、政策法规、事故调查处理情况、为民服务等信息，提供安全生产信息查询、政府信息公开、安全生产建言献策等公共服务。一些地方安全监管机构开通了“12350”安全生产举报投诉特服系统，进一步改善了面向社会公众和企业的信息服务。

3. 涉密信息系统建设和应用得到进一步提升

涉密信息系统建设和应用的进一步提升，加强了信息安全和保密工作的效果。各级安全监管监察机构按照涉密信息安全保密的要求，进一步加强了涉密计算机系统和应用系统的分级管理和保护工作。原国家安全生产监督管理总局扩容和升级了机关内部信息平台，进一步完善了机关涉密网办公系统的功能，通过了国家保密局组织的安全保密检查和测评，为安全监管机关提供了安全的业务信息处理环境。

4. 安全生产应急平台体系框架基本建立

国家安全生产应急平台是“十一五”期间安全生产信息化的重点工程，各地区积极开展了安全生产应急平台建设，北京、河北、辽宁、福建、江西、山东、湖北、广东、广西、云南等地的安全生产应急平台建成并投入使用。各市（地）级及部分县级安全生产应急平台建设工作也取得了进展，大连、青岛、南京、沈阳、南昌、南宁、威海、秦皇岛等城市的安全生产应急平台建成并投入使用。安全生产应急资源数据库逐步扩充完善，全国安全生产应急平台体系框架初步形成，为安全生产应急管理和救援工作提供了有力的信息技术保障。

5. 高危领域企业的安全生产信息化水平明显提高

煤矿、非煤矿山、危险化学品、烟花爆竹等高危领域的相关企业利用信息化手段加强安全生产工作。国有重点煤矿全部安装了瓦斯监测监控系统和井下通信联络系统，井下人员定位系统以及其他应急避险系统也开始全面建设；大型危险化学品企业建设了重大危险源监控系统、危化品车辆运输监控系统；化工园区建设了安全管理与应急救援信息系统；非煤矿山企业建设了尾矿库安全监测系统。高危领域的企业通过安全生产标准化和安全生产隐患排查治理等信息化手段，进一步加强了安全管理和事故风险防控能力。

6. 安全生产信息系统运维保障体系初步形成

各级安全监管监察机构通过加强信息基础设施建设，完善了信息系统运行环境和安全保障系统，初步建立了运维保障制度。

1.3.2 安全生产信息化建设存在的主要问题

目前，我国安全生产信息化建设和应用还不能完全满足安全生产工作的现实需要，主要存在以下几个方面的问题。

1. 信息基础设施仍不完善

目前，依托电子政务外网建设的全国安全生产专网没有完全覆盖各级安全监管监察机构。信息网络、信息安全、运行环境等信息基础设施尚不能完全满足日益增长的应用需求。

2. 安全生产信息化发展不平衡，难以发挥整体效用

安全生产信息化状况在各地区安全监管监察机构、各类型企业之间差异较大。安全生产信息资源尚未被全面规划，更难以得到有效开发和利用。企业与各级安全监管监察机构之间尚未建立信息互联互通的传输通道，无法实现安全生产信息的交换与共享。信息化进程在加强政府安全监管监察、应急管理和企业事故预防等方面的整体保障作用不明显。

3. 信息化尚未深度融入安全生产的核心业务

目前，信息化驱动安全生产制度创新、管理创新的力度仍有待加强。信息技术尚未全方位融入安全生产的核心业务，安全生产的业务流与信息流尚未达到深度融合与有机关联，这在一定程度上影响了安全生产信息化工作的成效。

4. 安全生产信息化标准体系仍未建立

目前，安全生产信息化建设项目由各地区、各有关部门和单位自行组织实施，缺少统筹规划和顶层设计，系统之间缺少互联互通。应用系统和数据库分类不同，库表结构和编码规范不一，严重影响了信息系统的应用推广和功效发挥。

5. 安全生产信息技术支撑体系落后

目前，从规划设计、系统研发、工程实施到运维管理的信息技术支撑体系尚未完全建立，面向安全生产领域的信息产业没有形成。基层安全监管监察机构、高危领域的企业信息化人才紧缺的问题突出，专业化、复合型人才不足，安全管理人员的信息化知识和操作技能滞后，影响了信息化应用的推进。

第2章

智慧安监概述

信息化的发展过程可分为数字化、网络化、智慧化 3 个阶段，智慧化是当前社会条件下信息化的最高阶段，代表最高水平。

智慧安监是将物联网、云计算、大数据等先进信息技术与安全生产业务深度融合，利用信息化手段创新安全监管监察方式，提高安全监管工作的规范化、科学化、智慧化水平，促进企业落实主体责任，提升企业事故预防预警和应急处置能力，最终实现对人的不安全行为和物的不安全状态的超前感知、预测、预警、预防和快速处理，实现对安全生产事故的有效预防和科学处置的系统和过程。

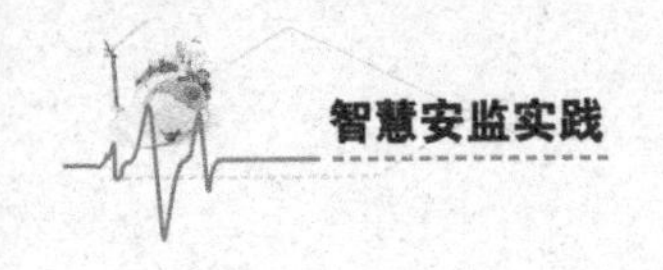

2.1 智慧安监的概念

2.1.1 何谓智慧安监

智慧安监是以智慧技术、智慧管理、智慧产业、智慧服务为特征的安监信息化发展模式，是安监信息化向更高阶段发展的表现形式。智慧安监系统提供更强的数据感知、信息管理和智能服务的能力，蕴含更强的创新发展能力。从狭义角度而言，智慧安监指安全生产监督管理信息化，即通过建设相关的基础设施平台，整合安全生产监督管理的信息资源，实现安全生产、电子政务、日常监管、应急救援、教育培训等的信息化，并逐步实现安全生产监管的信息化。

智慧安监应具备以下 3 个信息化关键能力，如图 2-1 所示。

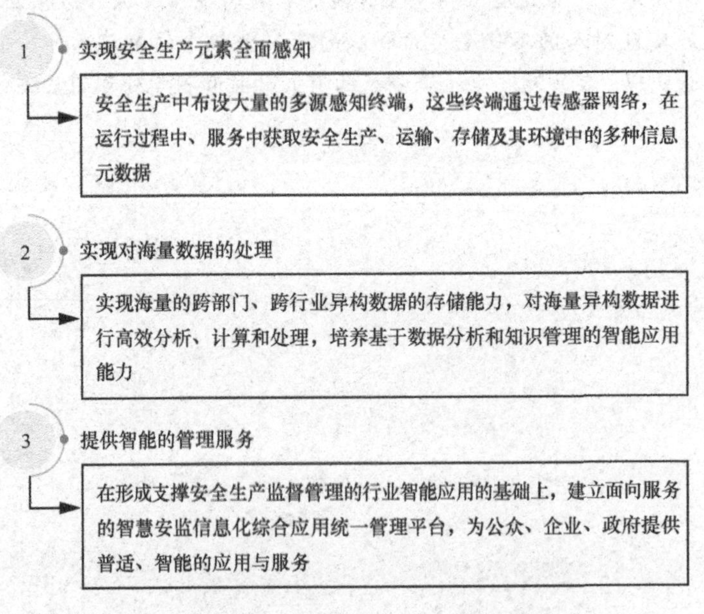

图2-1　智慧安监应具备的3个信息化关键能力

2.1.2 智慧安监的内涵

智慧安监的根本任务是实现各级安全监管监察部门及相关企业的数据融合与业务协同，助力安全监管监察部门提升工作效率，推动服务型政府建设；同时，在此基础上促进数据的应用创新，通过数据挖掘与知识发现，充分发掘安全监管业务数据与安全生产规律之间的联系，从而为安全生产政策的制定提供支持。智慧安监的主要内涵可概括为以下 4 个方面。

1. 更透彻的安全感知与信息互联

智慧安监的感知互联超越了传统的以传感器、摄像头、射频识别（Radio Frequency IDentification，RFID）设备等智能终端硬件设备和各业务信息系统作为数据来源的信息互联，它将实现随时随地利用任何可以感知、测量、捕获和传递信息的设备、系统或流程，实现社会公众、企业、安全监管监察部门等组织和个人之间的人、物、环、管等要素之间的互联互通和相互感知，以及无所不在的连接和方便快捷的即时获取的目标。

2. 更深入的数据挖掘与智能分析

智慧安监使用先进的信息技术（如数据挖掘和分析工具、科学计算模型、云计算平台等），对收集到的安全监管数据信息进行更加高效安全、系统全面的挖掘与分析。它结合特定的知识模型，针对日常监管、行政审批、预测预警、事故应急、统计分析等安全生产监管工作中的各种应用场景和需求，将分布在不同行业、地域、职能的部门的海量数据信息进行筛选、切分、聚合，按照新型安全监管模式，提供更科学的监测、预警、分析、预测和决策能力。

3. 更高效的事务处理与协同办公

智慧安监将打破安全生产信息资源在行业、部门、系统之间分割、封闭的状态，按照创新的信息管理服务模式和业务协同模式，重新定义信息流转关系，实现信息资源的一体化和立体化，形成更协调的跨部门、多层级、异地合作的模式，从而不断提升量化决策和创新发展的能力，促进众多组织机构的协同工作效能提升。

4. 更广泛的信息开放与公众参与

智慧安监的最终目标并不是对数据信息进行智能分析处理，而是实现信息的开放式应用，将处理后的各类信息通过网络返回至信息的需求者，或直接控制智能终端，从而完成信息的完整增值利用。智慧安监的数据信息应用应该以开放透明为特性，社会公众、企业等个体通过开放式的信息应用平台，为系统贡献数据信息，个体间通过智慧安监的应用系统进行信息交互，从而极大地丰富智慧安监的信息资源，最终实现全民参与的、更广泛的信息共建共享。

2.2 智慧安监的建设目标

智慧安监的建设是一个持续推进的长期过程，需要有明确的建设目标来凝聚各方力量，并为具体建设工作提供具有前瞻性的科学引导。结合上述理论分析及当前安全生产信息化工作的基础，我们提出三大建设目标，具体如图 2-2 所示。

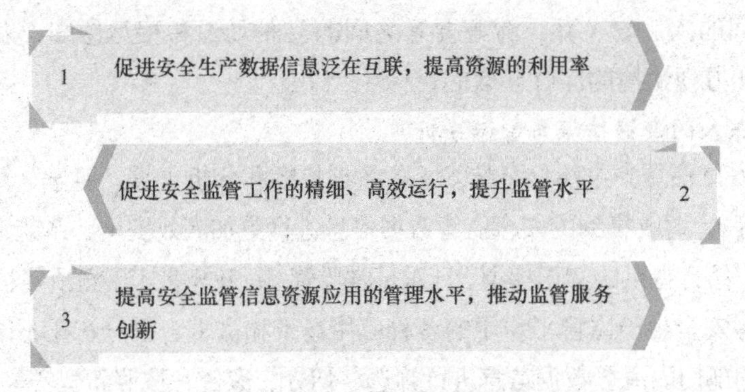

图2-2 智慧安监的三大建设目标

2.2.1 促进安全生产数据信息泛在互联，提高资源的利用率

智慧安监旨在以智慧建设为契机，加快建立纵向的各级安全监管监察机构，横向的安委会成员单位和重点企业之间的资源共享、互通互联的信息网络平台；初步建成共用共享的安全生产基础信息资源目录体系，有效支撑安全生产监管监察和应急管理业务，为安全生产形势分析和决策管理提供支撑，实现基础信息规范完整、动态信息随时调取、执法过程便捷可溯、应急处置快捷可视的目标。

2.2.2 促进安全监管工作的精细、高效运行，提升监管水平

智慧安监结合物联网、云计算等技术，创新了安全监管监察的方式方法，推进危险化学品、非煤矿山、烟花爆竹以及冶金等工贸行业的试点工程建设，基本建成覆盖安全生产监管和应急核心业务的信息系统、平台、数据库和标准规范，实现信息技术与安全生产业务的深度融合，提高安全生产监管与应急救援智能化水平，以及监管部门行政执法和公共服务的能力，基本建成与安全生产业务发展相适应的信息化体系。

2.2.3 提高安全监管信息资源应用的管理水平，推动监管服务创新

智慧安监运用大数据技术对海量安监信息资源进行开发利用，进行不同程度的处理、挖掘与延伸，并建设与新型安全监管业务相匹配的信息流转模式与管理分析模型，持续调整优化安全生产与经济、社会和环境之间的协同发展模式，为政府、组织机构、企业、社会公众等提供低成本、高效率的智慧化服务，从而推动安全监管模式转变，实现安全监管从业务管理向服务模式创新的转变。

2.3 智慧安监的基础——网格化监管

网格化监管是指按照“属地管理、条块结合”的原则，纵向根据行政区划分为三级网格，横向以行业管理为基础，以隐患排查治理和安全预防控制为重点，建立“纵到底、横到边”的涵盖安全生产各主要监管业务的立体网格，同时在网格间建立相互交叉、结合、弥补的机制，做到资源共享、监管协同，从而构建一种安全发展的长效机制的监管模式。

2.3.1 安全生产网格化监管理论

安全生产网格化监管理论由安全生产网格化监管体系、安全生产监管业务、监管任务的网格化部署与实施3部分组成。

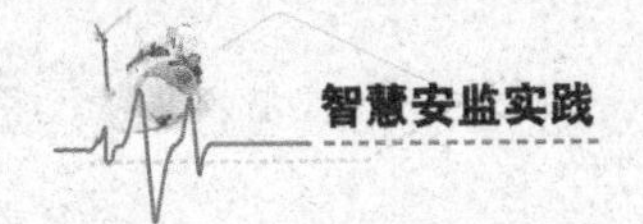

1. 安全生产网格化监管体系

安全生产网格化监管体系以各级政府监管网格为基础结构，以政府纵向分级负责、部门纵向分级监管、部门横向分工监管、属地为主实施管理、行业实施指导为基本指导思想，以多级监管网格的业务管理、业务监督、信息报告与反馈 3 种互动关系（或称网络体系）的有机统一为基本运行机制，切实支撑各级政府承担起法定的监管职责，推动政府监管工作实现规范化、精细化和信息化。

安全生产网格化监管体系主要包括 7 个部分，如图 2-3 所示，用于承载各级政府安全生产监管工作。

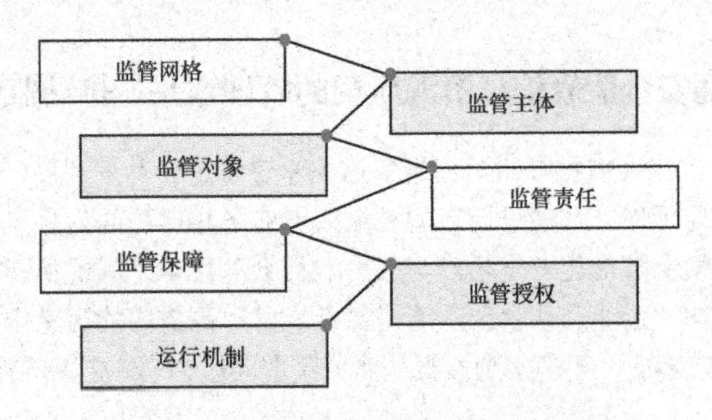

图2-3　安全生产网格化监管体系的组成

（1）监管网格

安全生产网格可分为监管网格和责任网格两类：监管网格是政府履行监管职责的载体和基础；责任网格是管理主体履行管理责任的载体和基础。

监管网格包含物理网格和逻辑网格两个层面。其中，物理网格是有实际地理边界的格，逻辑网格则担负监管责任。不同的逻辑网格叠加到同一物理网格，分别代表不同的监管责任。物理网格使得逻辑网格具备在本物理网格内区分监管责任的能力，从而为实现责任分解与业务部署的同步提供了基础。

划分监管网格是构建安全生产网格化监管体系的第一步。安全生产监管网格（物理网格）的划分，主要采用行政区划界线作为监管网格边界，保持与行政区划的统一；作为补充，经济功能区按实际管辖范围划定监管网格边界。这样，各级监管网格就分为行政区划网格和经济功能区网格。以市级部署为例，各地通过在全市范围内按市级、区级、镇（街）级三级进行政府监管网格的划分，结合对横向部门监管责任分工的考虑，可有效贯彻“政府纵向分级负责、部门纵向分级监管、部门横向分工监管、属地为主实施管理、行业实施指导”的思想。

（2）监管主体

监管主体从机构层面来看，包括安全生产综合监管部门和负有安全生产监管职责的其他部门两类；从领导层面来看，包括在每个监管网格中明确划分的网格化监管主要领导（某级政府的主要负责人）、分管领导（某级政府的分管负责人）和具体领导（某级政府某部门的主要负责人）。

（3）监管对象

监管网格中的监管对象可分为三类：第一类是该网格的直接下级网格；第二类是该网格直接管辖的企业；第三类是该网格直接管辖的其他对象，如学校、医疗机构、社团、体育场馆、旅游景点等非企业类对象。被监管对象是安全生产的责任主体，法定代表人是安全生产第一责任人。

（4）监管责任

我国安全生产相关法律法规规定，各级政府的主要负责人是本行政区域安全生产工作的第一责任人，对安全生产工作负总责；分管负责人和其他负责人要严格落实“一岗双责”，对分管范围内的安全生产工作负责。各级政府要严格落实安全生产责任制，逐级签订安全生产责任书和承诺书。在网格化监管体系中，这些法定责任需要被分解到具体网格，网格中的每个监管主体、每个工作人员应结合职责分工进一步明确自己的网格化监管职责，明确所负责的具体监管对象，以为具体任务授权提供基础。

（5）监管保障

网格化监管保障包括人员编制、设施装备、工作规范等内容，具体包括以下内容：需要落实每个网格中的人员组成、装备设施的配备等基础要求；落实每个网格中人员的素质要求；落实具体任务所涉及的行动措施、工作规范、考核标准和考核办法。

（6）监管授权

监管授权是任务部署的具体方式，即根据监管责任将分项任务部署到各级网格中的各监管主体和各监管人员。

（7）运行机制

网格化监管运行机制涉及对3种互动关系的把握和处理。这3种互动关系分别是：以安全生产监管工作中管理性业务的流转和处理为特征的管理网络体系；以投诉举报、督查督办、内部监督、绩效考核等监督性业务处理为特征的监督网络体系；以信息报告和反馈为特征的信息网络体系。

安全生产网格化监管体系的建设内容包括7个方面，如图2-4所示。

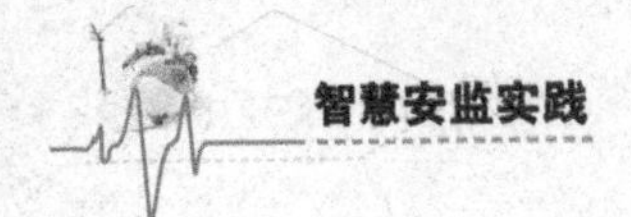

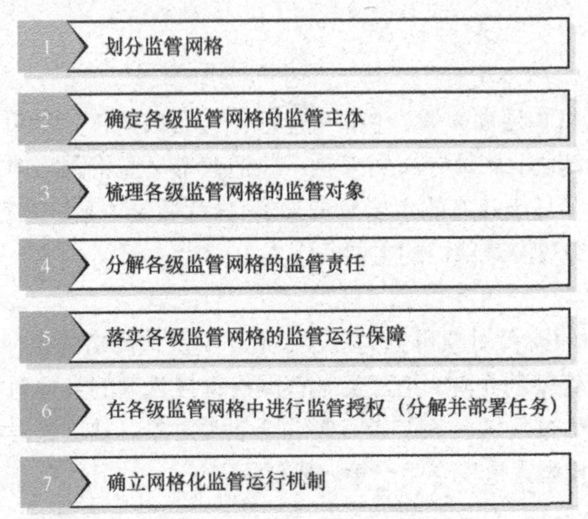

图2-4　安全生产网格化监管体系的建设内容

2. 安全生产监管工作涉及的业务

安全生产监管工作涉及两类业务，如图 2-5 所示。

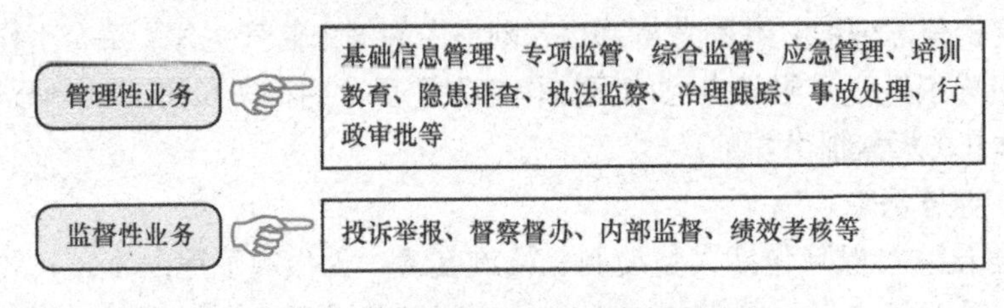

图2-5　安全生产监管工作涉及的业务

3. 监管任务的网格化部署与实施

将安全生产监管工作涉及的业务部署到各级政府监管网格中的一种可取的方式是以监管任务的方式进行部署。

（1）监管任务的概念

监管任务是监管业务的具体表现形式。例如，专项监管业务可包括企业主体责任评级、企业安全标准化达标评级、特种设备检验部门的专项监管等业务；再如，隐患排查业务可包括日常检查、专项检查、执法检查等。随着安监工作内容的变化和对安全生产不同监管侧面的关注，以及国家、省（自治区、直辖市）对安监工作的新要求，新的监管任务会不断被提出。

（2）监管任务的网格化部署

监管任务在各级网格中的部署是运用网格化监管体系开展监管业务具体实践

的起点。任务可由不同层级的监管网格发起，并向下级监管网格分解。

具体来说，将一项监管任务部署到各级监管网格的方法如下：通过任务分解将分项任务部署到具体网格，再根据各级监管网格的监管责任分解，确定各级监管网格中该任务的监管主体和监管人员；指定该任务涉及监管对象的各项工作任务；明确各级监管网格内的工作目标、监管要求、监管反馈的时限要求、工作规范、行动措施和考核标准；检查各级监管网格中执行该任务所需的监管运行保障情况，并做好准备。

（3）监管任务的实施

将任务自上而下地分解完毕后，便可通过已确定的安全生产网格化监管运行机制，结合该任务的具体业务流程开展工作。

2.3.2 安全生产网格化监管的信息化方法

安全生产网格化监管系统是以落实政府监管责任为目标，以安全生产网格化监管体系的信息化及安全生产监管业务网格化部署实施的信息化为主要内容的安全生产监管业务系统。

1. 安全生产网格化监管系统实现网格化监管体系的信息化

网格化监管体系信息化的具体内容如图 2-6 所示。

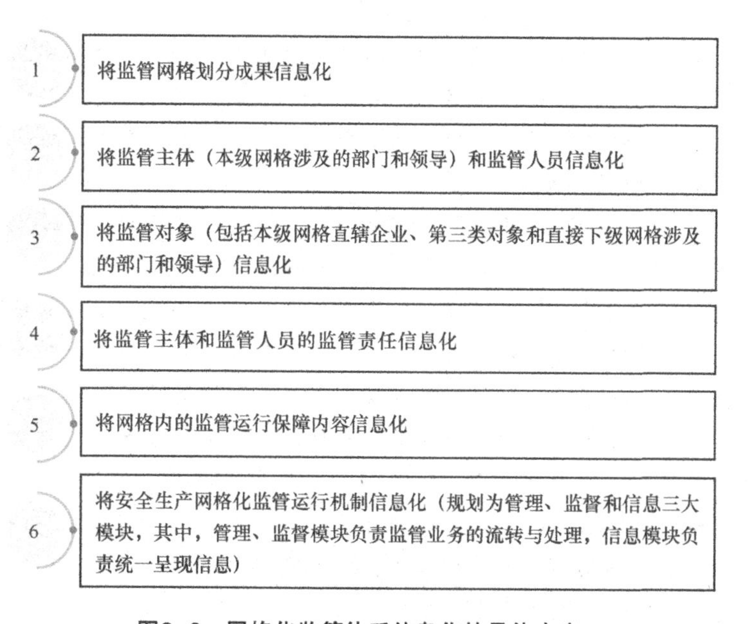

图2-6 网格化监管体系信息化的具体内容

2. 安全生产网格化监管系统实现安全生产监管业务的信息化

安全生产监管业务信息化是为具体的管理性业务、监督性业务逐渐赋予信息系统中的业务处理功能，如：一级功能包括基础信息、专项监管、综合监管、应急管理、培训教育、隐患排查、执法监察、事故处理、行政审批、投诉举报、督察督办、治理跟踪、内部监督、绩效考核等。对于专项监管功能而言，二级功能包括主体责任评级、安全标准化达标评级、特种设备管理等；对于应急管理，二级功能包括重大危险源备案、应急预案备案、应急资源管理、应急培训信息、应急演练信息、预警预测信息、事故救援信息等。对于应急资源，三级功能包括应急专家管理、应急队伍管理、应急装备管理、应急物资管理等。随着开发的持续深入，系统可对各级监管网格的安全生产日常监督管理业务提供广泛支持。

通过在各种监管业务过程中推广安全生产网格化监管系统及相关应用，相关机构可积累大量的动态数据，从而建立各种动态的信息数据库，如隐患数据库、应急救援数据库、执法监察数据库等，为数据的有效利用和价值挖掘提供广阔空间。

汝州市探索建立“智慧安监”新模式

为有效防范和遏制危险化学品领域重特大安全生产事故的发生，河南省汝州市原安全监管局探索建立“智慧安监”远程视频监控信息平台，探索和利用信息化、智能化的手段在安全监管中的作用，着重实现安全监管的过程控制和智能控制。

自2017年1月18日起至今，汝州市已有81家加油站实现了“智慧安监”视频监控信息平台的接入，占社会加油站的比例为71%。

接入“智慧安监”远程视频监控信息平台后，各级安全监督监察部门在日常监管工作中，对辖区生产经营单位进行分级分类监管，对安全设施落后、安全管理滞后、单位主要负责人安全意识淡薄的危险化学品生产企业和重大危险源单位进行重点监管，发现网络运行异常情况、安全隐患和问题及时通知相关生产经营单位，并责令其限期整改，对逾期未整改的，依法依规进行处理，打击处理违法违规行为。各级安全监督监察部门确定专职人员加强信息平台的管理工作，发现网络运行的异常情况、安全隐患和问题，及时通知相关部门处理。

宁波石化经济技术开发区以信息化手段加强安全监管与服务

随着信息化与工业化的深度融合，信息化工作正逐步由局部的技术辅助性工作发展为全局性工作，不断地渗透进生产经营活动的全过程，融入监管安全生产管理的各环节。现阶段，安全监管工作要求高，监管对象点多面广，过程连续、动态变化，仅依靠传统的人工手段难以实现全员、全过程、全方位的安全监管。加强安全生产信息化建设，利用信息化手段创新安全监管监察方式，已成为政府履行安全监管职责，提高公共服务和社会管理能力的重要保障。

宁波石化经济技术开发区是我国华东地区重要的化工产业基地和全国首批 60 个危险化学品重点区域，园区内有多家大中型化工企业，生产、使用、存储、经营和运输的危险化学品种类多、数量大，安全监管任务繁重，责任重大。近年来，园区紧紧抓住信息化建设这一机遇，充分借力互联网、云计算、物联网等现代技术手段，创新安全监管监察方式，提升监管效率和管理水平，投入近 7000 万元搭建了各类信息化平台，取得了良好的成效。

1. 应急管理中心

园区按照“防救结合、以防为主”的总体设计和建设思想启动了重大危险源监控预警、应急救援指挥、仿真模拟培训三位一体的应急管理中心建设，中心可实现以下功能：

① 对园区企业和重大危险源实现动态监管和安全风险分级管控；

② 对园区的有毒有害气体、环境、气象等整体情况进行实时动态监控；

③ 对园区应急资源、应急预案、应急专家等相关信息进行精细化、动态化、可视化的管理；

④ 建立有序的部门联动和资源共享机制；

⑤ 对事故发展趋势和后果进行预测分析，及时制订科学有效的事故救援处置方案；

⑥ 实现事故现场信息的快速采集和传输，实现对应急队伍、装备、专家等资源的快速调动；

⑦ 具备化工装置现场培训、装置工艺操作安全技能培训、七大类特种作业安全技术培训、化工装置设备检维修安全技术培训、消防应急安全技术培训等专业培训能力。

2. 危险化学品企业第三方服务平台

园区以企业购买、政府补贴的方式，在危险化学品领域引入第三方服务机构，该公司在企业动火、受限空间、用电、吊装、盲板抽堵、动土、高处作业容易等发生生产安全事故的七大类检维修作业环节加强技术服务和把关。公司提供服务平台，该平台包括第三方服务申报系统和“一企一档”大数据平台两大子系统，可采集服务企业的安全技术服务申报信息，并第一时间将其转发至各责任部门；还可以通过输入日期、企业名称、问题项等关键词，实时查询相关的服务信息，加强对第三方安全技术服务工作的日常监管。

3. 道路运输监控平台

园区打破了传统模式下各自为政、信息系统互不共享、信息碎片化和“孤岛”化等问题，实现了对区域内危险化学品运输相关主体的有效监管，及时消除了存在的安全隐患，从源头上掌控了危险化学品运输安全风险，特别是加强了对流动性大、情况复杂、信息难以掌握的外地危险化学品运输车辆的精准管理。

4. 企业消防安全监管服务平台

2016 年，园区启动了企业消防安全监管服务平台建设工作，引入第三方服务单位开展平台运营和服务，以企业直接向第三方服务单位购买服务的方式，搭建“线上平台 + 线下服务”融合互补的全方位区域消防安全管理体系，切实落实企业消防安全生产主体责任。线上平台为管理部门和联网企业提供 PC 端和手机的 App。管理部门可通过计算机或手机进行实时查询，通盘掌握园区整体消防安全管理情况；联网企业可实时掌握本单位的消防信息、消防设备运行情况、消防人员工作情况等。线下服务包括消防基础及实操培训、消防应急预案协助制定、消防物联网系统及相关设备设施的免费故障排除及检查、报警设备的选型及安装优化方案的提供、消防安全规范化管理的协助开展、消防安全评估及定制化服务的协助开展等。

5. 临时应急指挥中心

2016 年，园区建成临时应急指挥中心，实现园区应急管理“一张图”，做到企业信息即时可查、生产状态即时可视、应急物资即时可调、应急队伍即时可用、事故影响即时可判。园区开展遏制重特大事故的工作，要求各企业着手开展风险点的排摸和分级评估工作，充分利用临时应急指挥中心这一资源，把企业排摸出的风险点标注到图上，实现信息的信息化，做到监管内容、监管措施可视及可控。

6. 检维修网上报告登记系统

园区于2015年开发了检维修网上报告登记系统，并于2016年正式投入使用。系统主要具备检维修信息上报及管理、短信群发、文件推送等功能，能有效对所有承包商及分包商实行入园登记并对项目实施报告登记，严把施工单位资质关，杜绝无资质的施工单位入园参与检维修施工作业。

以上这些信息化中心与平台的开发和利用，一定程度上缓解了园区安全生产中长期存在的难题，使园区的整体管理水平得到明显提高。

第3章

智慧安监的支撑技术

当今社会信息化发展如火如荼，互联网、物联网、云计算、移动通信等信息化技术的快速发展正深刻地改变着经济社会的方方面面。近年来，信息化技术在安全生产领域的广泛应用，也显著地提高了政府安全监管和企业安全管理的效率。智慧安监正是在此大背景下孕育而生的。安全监管监察部门和企业安全部门同时广泛地使用计算机、无线通信、遥感、传感、红外、微波、监控等先进技术对安全生产进行管理，以迅速、灵活、正确地理解和解决涉安人员的不安全行为和事物的不安全状态。

3.1　物联网技术

物联网是基于互联网等传统信息载体，通过各类感知设备，全面获取环境、设施、人员的信息并进行自动化数据处理，实现“人—机—物”融合一体、智能管控的互联网络。

3.1.1　何谓物联网

物联网就是物物相联的互联网。基于互联网、传统电信网等信息载体，所有能够被独立寻址的普通物理对象都可实现互联互通。

通俗地讲，物联网技术是各类传感器、RFID 技术和现有的互联网相互衔接形成的一种新技术，其以互联网为平台，实现多学科、多技术的融合，具体包括以下两层意思。

第一，物联网的核心和基础仍然是互联网，是基于互联网延伸和扩展的网络，如图 3-1 所示。

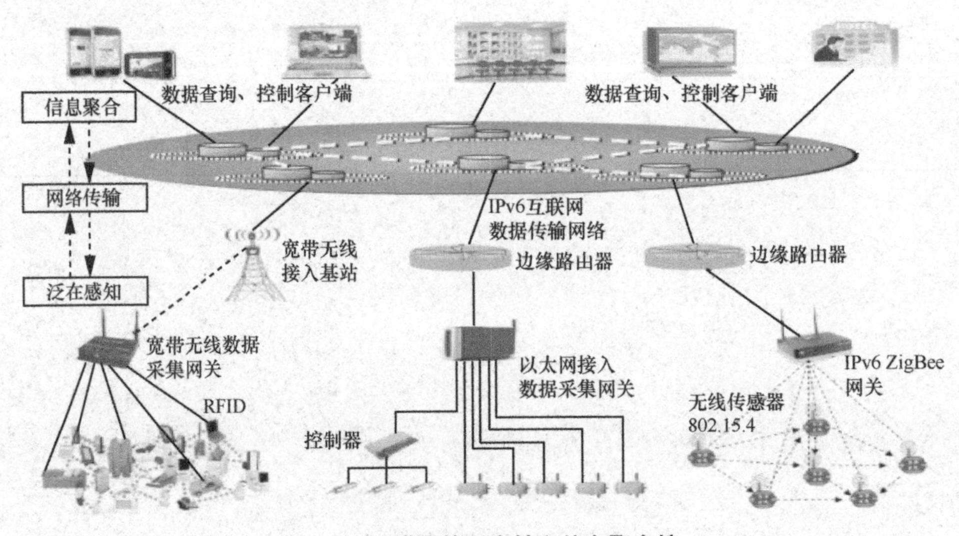

图3-1　物联网的泛在性和信息聚合性

第二，物联网的客户端延伸和扩展到了任何物品与物品之间。

1. 物联网的体系结构

物联网的体系结构分为感知层、网络层和应用层，如图 3-2 所示。

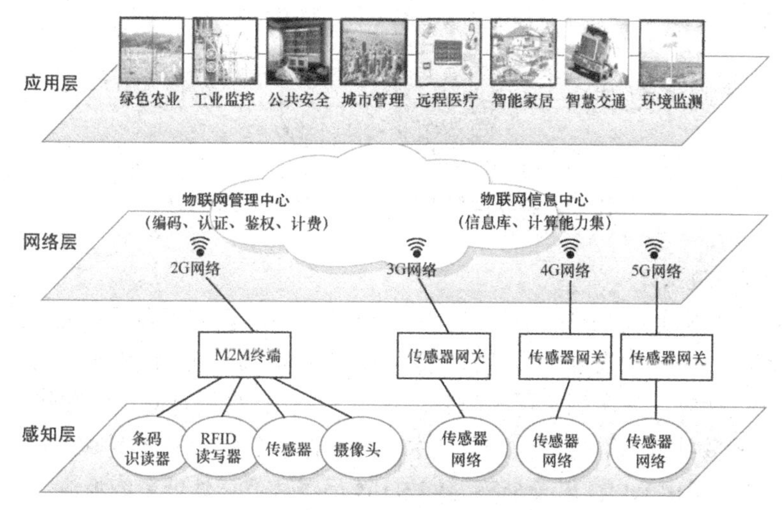

图3-2 物联网的体系结构

（1）感知层

感知层相当于人体的皮肤和五官，主要用于识别物体，通过 RFID 技术、传感器、智能卡、识别码、二维码等对感兴趣的信息进行大规模、分布式的采集，并对其进行智能化识别，然后通过接入设备将获取的信息与网络中的相关单元进行资源共享与交互。

（2）网络层

网络层相当于人体的神经中枢和大脑，主要用于传递和处理信息，包括物联网管理中心、物联网信息中心和智能处理中心等。网络层主要用于信息的传输，即通过现有的“三网”（互联网、广电网、通信网）或者下一代网络，实现数据的传输和计算。

（3）应用层

应用层相当于社会分工，与行业需求结合，实现广泛智能化，体现物联网与行业专用技术的深度融合。应用层完成信息的分析处理和决策等功能，并实现智能化应用及完成特定的服务任务，以实现物与物、人与物之间的识别与感知，发挥智能化作用。

2. 物联网的关键技术

物联网产业链可被细分为标识、感知、处理和信息传送 4 个环节，因此，物

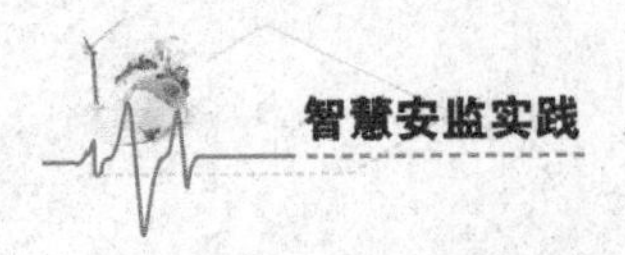

联网每个环节主要涉及的关键技术包括以下 4 个方面，如图 3-3 所示。

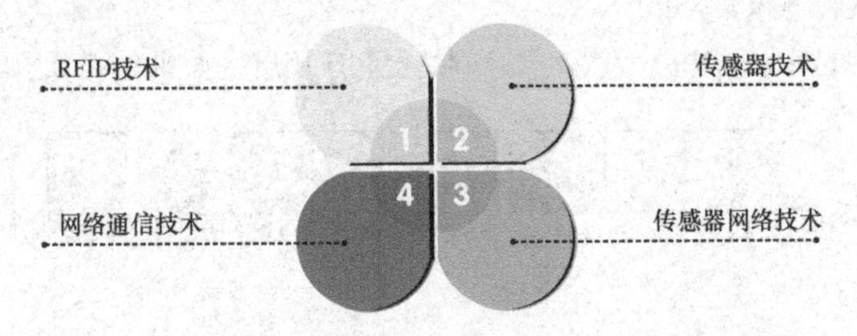

图3-3　物联网每个环节涉及的四大关键技术

（1）RFID 技术

RFID 技术是一种非接触式的自动识别技术，具有读取距离远（可达数十米）、读取速度快、穿透能力强（可透过包装箱直接读取信息）、耐磨损、无须接触即可识别、抗污染、效率高（可同时处理多个标签）、数据存储量大等特点，是唯一可以实现多目标识别的自动识别技术，可工作于各种恶劣环境中。一个典型的 RFID 系统一般由 RFID 电子标签、RFID 读写器和信息处理系统组成。当带有电子标签的物品通过特定的信息读写器时，标签被读写器激活并通过无线电波将携带的信息传送到读写器以及信息处理系统中，完成信息的自动采集工作；而信息处理系统则根据需求承担相应的信息控制和处理工作。目前，RFID 技术已在安全生产的各方面得到广泛应用。

（2）传感技术

传感技术是关于从自然信源获取信息，并对之进行处理（变换）和识别的一门多学科交叉的现代科学与工程技术。其涉及传感器（又称换能器）、信息处理和识别的规划设计、开发、制造（建造）、应用及评价改进等活动。

传感器负责物联网信息的采集，是物体感知物质世界的“感觉器官”，是实现对现实世界感知的基础，是物联网服务和应用的基础。传感器通常由敏感元件和转换元件组成，可通过声、光、电、热、力、位移、湿度等信号来感知，为物联网的采集、分析、反馈工作提供最原始的信息。

（3）无线传感网络技术

无线传感网络技术综合了传感技术、嵌入式计算技术、现代网络及无线通信技术、分布式信息处理技术等，能够通过各类集成化的微型传感器协作实时监测、感知和采集各种环境或监测对象的信息，通过嵌入式系统对信息进行处理，并通过随机自组织无线通信网络以多跳中继方式将所感知的信息传送到用户终端，从而真正实现“无处不在的计算”的理念。一个典型的传感器网络结构通常包括传感器节点、汇聚节点、互联网或通信卫星、任务管理节点等部分，如图 3-4 所示。

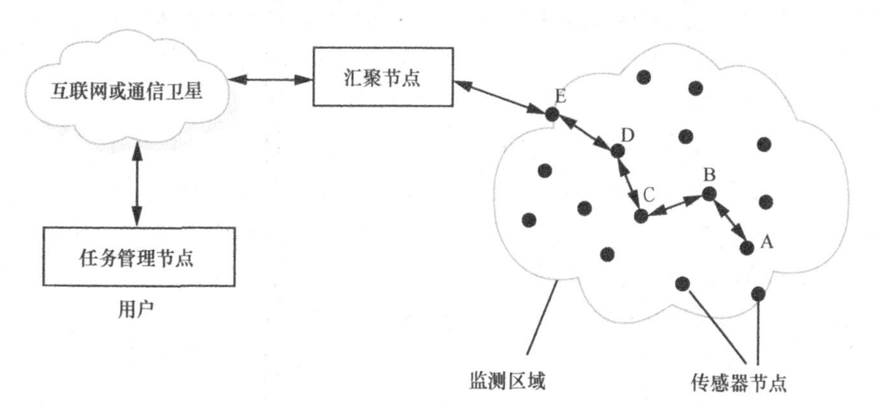

图3-4 传感器网络结构示意

（4）网络通信技术

传感器利用网络通信技术为物联网数据提供传送通道，而如何在现有网络上进行增强，使之适应物联网业务的需求（数据传输率低、移动性低等），是目前物联网研究的重点。传感器采用的网络通信技术分为近距离通信技术和广域网通信技术两类。常见的与传感网络相关的通信技术有蓝牙、IrDA、Wi-Fi、ZigBee、RFID、UWB、WirelessHART 等。

3. 物联网发展现状

全球物联网应用处于起步阶段，物联网应用仍以闭环应用居多，且多是在特定行业或企业的闭环应用，但闭环应用是开环应用的基础，只有闭环应用形成规模并实现互联互通，不同领域的开环应用才能最终实现。

物联网应用规模逐步扩大，以点带面的局面逐渐出现，其在各行业的应用目前仍以点状出现，覆盖面较大、影响范围较广的物联网应用案例从全球来看依然是非常有限的，不过随着世界主要国家和地区的大力推动，以点带面、以行业应用带动物联网产业发展的局面正在逐步形成。

目前，我国已开展了一系列物联网应用试点和示范项目，电力、交通、物流、家居、环保、工业自动控制、医疗卫生、精细农牧业、金融服务业、公共安全等领域的物联网应用发展已初具规模。

3.1.2 物联网在企业安全管理中的应用

企业安全管理工作大多是由基础数据部分和现场管理部分组成的。工作场所多且距离相对较远，会给现场管理带来很多不便。虽然安全管理人员定期到各个场所进行检查，但现场的安全管理是否严格按照要求进行，设备设施是否存在超期服役现象，现场人员是否按照规定动作进行巡查，现场隐患是否得到及时整改等问题都不能被及时、动态地掌握，管理相对被动。

企业应用物联网技术，为各种生产设备装上 RFID 标签，可通过各种类型的传感器对物质属性、环境状态、行为态势等静态和动态信息进行大规模、分布式的获取与状态辨识。企业安全管理工作针对具体的感知任务，采用协同处理的方式对多种类、多角度、多尺度的信息进行在线计算与控制，并通过接入设备将获取的信息与网络中的其他单元进行资源共享与交互，从而动态跟踪设备的运行状况。在设备定期检测日期到来前，系统自动发出警报，以提醒相关人员及时对设备进行检测和维护。同时，这些设备也具备“智能眼”的功能，可在生产工艺参数偏离正常数值的情况下及时发出警报，助力企业生产设备的规范、有序管理。

在生产过程中，人的不规范行为是导致事故发生的重要原因，人的精神状况、工作态度等往往是事故的直接诱因。通过物联网，系统可以及时发现操作人员玩忽职守的情况，操作人员工作过程中出现异常的状态都能在系统中显示出来；系统还应用人工智能技术进行表情识别，从而可以及时发现人工操作过程中的疏漏，并及时发出警报，避免人的不规范行为导致的后果。

通过对厂区内人员的动态管理，系统能及时发现各个工作岗位上工人的工作情况，也可以发现厂区内人员的动态分布情况，确保特殊时间段内不应该有人存在的危险区域没有人。

在特种作业过程中，物联网技术的应用能起到“监护人”的作用，甚至能帮助发现作业过程中的违规行为。对诸如受限空间作业类的特种作业，能及时发现作业人员的异常状况，避免因救援不及时导致的伤亡事故。

3.1.3 物联网在安全监管中的应用

政府监管部门可以利用物联网提供的便利及时了解各个企业的安全生产现状，督促企业完成安全隐患的治理和整改，加强对企业的安全监管。

将物联网技术运用于安全生产领域，能够实现安全生产监管领域“物物互联、智能感知、物物互动、智慧处置”，切实提高安全监管的水平。

基于物联网的监控范围广、不改变数据传输协议等特点，将具有环境感知能力的各类终端、泛在计算模式和移动通信等融入生产的各环节，能实现对设备尤其是复杂设备各关键部位的智能化监控以及对采集的数据的分析及自动决策，提高自动化控制及安全监管的水平。

从当前技术发展和应用前景来看，应用RFID技术的物联网系统，能有效对现场安全生产检查、生产过程安全监控、产品供应链流向等内容进行监管。

1. 现场安全生产检查

利用物联网技术对现场安全生产进行检查的核心是按照安全生产监督检查的工作程序和工作方法，通过实施信息整合的一体化解决方案，以相关法律法规及强制性标准为基础，应用无线通信、数据库、多媒体影像、数据采集、掌上计算机（Personal Digital Assistant，PDA）、嵌入式软件等技术手段和媒介，实现安全生产检查过程信息采样、存储、传输、管理等各环节的全面信息化、自动化，形成一个向导型、智能化的业务体系，从而既方便快捷地完成具体的监督检查任务，又有效地进行全局的控制管理，最大限度地实现信息资源共享，进而提高安全监管的水平和效率。

基于上述要求，物联网系统可为安全监督监察相关部门的现场检查提供一套全新的工作方法，解决监管工作中"查什么""怎么查""检查结果如何处理"三方面的问题。这对形成公平、公正、公开的安全检查结果具有一定的现实意义。

（1）查什么

查什么是指确定现场安全生产检查的内容。生产现场安全检查的规范化与程序化是整个物联网现场安全生产检查系统设计的基础。按照安全监督监察相关部门对安全检查工作的要求，针对某一企业或工艺过程，系统通过PDA对企业安全生产隐患，相关设计、施工、操作规程等信息进行分门别类的统计、整合，通过嵌入式软件引导确定需检查的内容，有效避免检查过程中不按步骤、漏检的现象。

（2）怎么查

怎么查即要确定现场安全检查工作程序及评估标准，开发现场专家系统。检查人员可通过物联网系统终端内嵌的向导型、专家型软件，完成对作业场所的安全监管。

（3）检查结果如何处理

关于检查结果如何处理的问题，首先要建立基于物联网监控信息的数据远程管理系统，然后实现分门别类的查询、统计，通过物联网系统实时接收现场监管的结果数据，并对数据及工作人员实施有效管理，使安全监督监察相关部门和企业的主管部门能方便快捷地管理每一个作业场所及每一位工作人员。

2. 生产过程安全监控

在工艺安全监控管理中，物联网技术的应用提高了过程监控、参数采集、材料消耗监测的能力，实现了生产过程智能监控、智能诊断、智能决策和智能维护。

例如，化工企业应用各种传感器和通信网络，在生产过程中实时监控加工产品的浓度、压力、温度，可提高生产效率，保障工艺安全。

在设备安全监控管理的过程中，企业将各种传感技术与设备的运行状态进行融合，可远程监控设备的操作使用记录以及设备的故障诊断。例如，把传感器嵌入矿山设施设备、油气管道、化工设备中，系统可以感知危险环境中工作人员、设备机器、周边环境等方面的安全状态信息，将现有分散、独立、单一的网络监管平台提升为系统、开放、多元的综合网络监管平台，实现实时感知、准确辨识、快捷响应、有效控制的目标，从而保障设备和人员的安全。

技术成熟的物联网传感技术应用于重大危险源动态监控系统，可实时感应重大危险源的压力、温度等参数，并能在参数到达临界状态时，自动进行决策处理，并将声光报警信号及参数数据传输到重大危险源监控中心进行核实，若确认是事故，可立即启动监管部门端事故应急指挥系统并监督企业开展事故调度和启动应急预案，有效减少人员伤亡和财产损失。在保障物联网信息安全的前提下，按照统一的数据传输协议及监控标准，利用无线网络，物联网感应节点可被部署到交通不便、无人监控的生产场所，从而有效解决安全监管人力不足的问题。

3. 产品供应链流向

在对危险化学品供应链流向进行监管的过程中，系统需要监控危险化学品的运输、存储和销售三大环节。利用物联网技术，可实时监控货物及其行踪，建立危险化学品流向动态管理系统，提升对危险化学品的安全监管水平，预防事故的发生，并保证监督、管理、控制、预防等各环节及时且有效。

在危险化学品的运输环节中，应用物联网技术，可有效降低事故发生的概率，具体表现为以下形式。

① 借鉴并采纳国内先进技术及实践经验，实现车载全球系统定位实时监控。

② 将全球移动通信系统、全球定位系统、地理信息系统（Geographic Information System，GIS）和计算机网络技术相结合，通过全球移动通信系统无线通信功能获取移动车辆的位置和状态信息。

③ 利用全球移动通信系统短信和语音通道传达调度命令，运用地理信息系统获取移动车辆在电子地图上的位置，对车辆进行管理和调度。

通过在危险化学品的储存和销售环节应用物联网技术，相关部门可实现对危险化学品储存、销售等环节的实时监控，及时识别异常，预防事故发生，具体表现为以下内容。

① 利用互联网、RFID 技术、无线数据通信技术等，可实现对物品的识别与跟踪。

② 在入库及出库货物的容器或包装箱上粘贴 RFID 标签，采用固定读写器和

手持读写器联合使用的方式，通过 RFID 门禁系统实现收货、入库、出库过程中对出入库信息、日常库存盘点信息的确认和实时监控。

③ 危险化学品成品包装体积小、销售量大的经营单位，可采用二维码、电子标签进行扫描，读出基本信息，通过无线网将与危险化学品相关的信息传输到流向管理系统。

3.1.4 物联网在应急救援中的应用

在事故应急救援过程中，通过物联网，相关部门可以迅速查找、调用周边资源开展应急工作，减少或避免应急救援过程中人员在危险场所的暴露，从而减少应急救援中的二次伤害；同时，相关部门可对事故现场有清楚的认识，对事故的发展有准确的预测，从而制订准确、有效的应急救援措施。

物联网技术在应急救援中的应用，一方面可以帮助相关部门快速、全面地获得救灾信息并对其进行综合分析和处理；另一方面可以帮助相关部门对救援工作进行综合部署，提高救援工作的效率。

1. 利用物联网技术获取并处理信息

灾害发生时，首要的是将救援信息传播到外界并进行分析处理。物联网技术在救灾中的应用，既可以帮助相关人员迅速准确地获取信息，又可以实现对获取的信息的综合处理。

当前，我国的城市智能安防系统、电子交通系统已经建立且发展得比较完善，我国也在逐步开展用于监测和预防自然灾害发生后产生的次生灾害的各种系统的建设。物联网技术在应急救灾系统中的应用，可以避免各个系统的独立运作，大大提高救援工作的效率。

通过在各种物品上安置 RFID 标签，物联网技术可帮助实现灾害发生后第一时间将数字信号通过无线通信网发送出去，帮助相关人员实现对人和物的准确定位和识别。通过带有 RFID 标签的无线传感器，大量的灾区环境参数，如温度、湿度、降水量、风向等被收集，并通过传感器网络定期发送至救援中心。救援中心将获得的灾害信息资料经过汇总及综合分析后，根据灾害的严重程度及时向社会和公众发布信息并发出预警。对于灾害高风险区，在启动灾害预警响应后，通过临时布设的大量无线传感器及相应的网络，救援中心可在灾害发生的第一时间获得来自灾区的相关信息及参数。

2. 利用物联网技术进行综合救灾部署

相关人员在基于物联网技术建立的信息处理平台上可以综合部署救灾行动，提高救援工作的效率，争取救援时间。

（1）紧急救援

灾害发生后，救援中心要做到的是紧急救援以及及时转移和安置现场的人员。通过广泛布置无线传感器，救援中心可以时刻了解灾区的温度、风速等参数的变化情况，救援人员也可获得准确的预警信息，在对人员进行定位和转移安置时做出正确抉择。

（2）现场调度

通过物联网技术建立信息平台，现场调度人员可以与后方组织人员取得密切联系，时刻将获得的灾区各类重要信息传送到后方，使指挥中心能够做出及时、正确的判断，使救援工作井井有条。

（3）物资分配

将帐篷、食物、饮用水和医疗器械等救灾物资准确、快速地送往灾区并进行分配是救援工作的重要环节。微电子芯片通常可以用来对各种物品进行唯一编码，加之 RFID 技术可直接或隔着障碍物进行准确识别，且可以批量识别，无须打开物品的包装，完全避免了条形码存在的必须近距离才能识别的缺点。物品一旦进入有效的 RFID 区域，就可以即刻转化为数字化信息。

3.2 大数据技术

大数据是由数量巨大、结构复杂、类型众多的数据构成的数据集合，具有“4V”特点。大数据分析基于云计算应用模式，通过多源融合和数据挖掘，形成有价值的信息资源和知识服务。

3.2.1 何谓大数据

大数据又称巨量资料，其所涉及的数据资料规模巨大，人脑甚至主流软件工具无法在合理的时间内获取、管理、处理这些资料，也无法高效地将其整理成帮助企业进行经营决策的资料。

1. 大数据的由来

大数据是继云计算、物联网之后信息业出现的又一次颠覆性的技术变革。其对社会管理、预测分析、企业和部门的决策乃至社会的方方面面都产生了巨大的影响。

大数据的概念最初起源于美国，是由思科、威睿、甲骨文、IBM 等公司提议发展的。大约从 2009 年开始，“大数据”成为互联网信息技术行业的流行词汇。事实上，大数据产业是指对互联网、物联网、云计算等渠道产生的大量数据资源进行数据存储、价值提炼、智能处理和分发的信息服务业，大数据企业大多致力于让所有用户能够从任何数据中获得可转换为业务的洞察力，包括之前隐藏在非结构化数据中的洞察力。

最早提出“大数据时代已经到来”的机构是全球知名咨询公司麦肯锡。2011 年，麦肯锡在其研究报告中指出：数据已经渗透到每一个行业和业务职能领域，正在逐渐成为重要的生产因素；而人们对于海量数据的运用预示着新一波生产率增长和消费者盈余浪潮的到来。

2. 大数据的特点

大数据具备 Volumc（数据体量巨大）、Variety（数据类型繁多）、Velocity（处理速度快）和 Value（价值密度低）4 个特征，简称为“4V”，如图 3-5 所示。

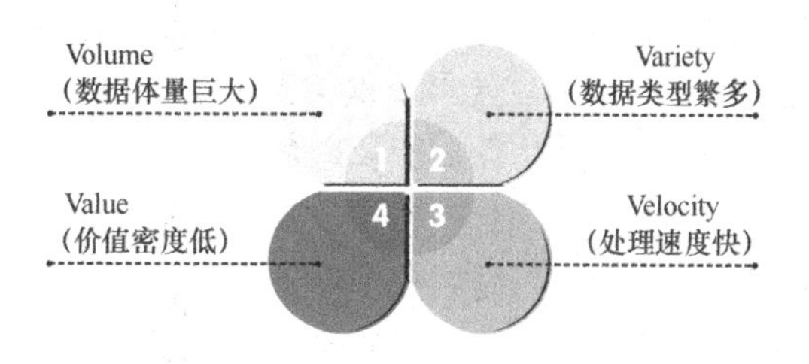

图3-5 大数据的“4V”特点

（1）Volume——数据体量巨大

大数据包括的数据量巨大。数据集合的规模不断扩大，已从 GB 级发展到 TB 级又到 PB 级，甚至开始以 EB 级和 ZB 级来计量。一个中型城市的视频监控头每天就能产生几十 TB 的数据。

（2）Variety——数据类型繁多

以往我们产生或者处理的数据类型较为单一，大部分是结构化数据；而如今，社交网络、物联网、移动计算、在线广告等新的渠道和技术不断涌现，由此产生了大量的半结构化或者非结构化数据。企业需要整合并分析来自传统和非传统信息源的数据，包括企业内部和外部的数据。随着传感器、智能设备和社会协同技术等的快速发展，数据的类型，包括文本、传感器数据、音频、视频、单击流、日志文件等越来越丰富。

（3）Velocity——处理速度快

数据产生、处理和分析的速度持续加快，数据流量也越来越大，加速的

原因是数据的创建具有实时性的特性。大数据的数据处理速度快，处理方向从批处理转向流处理。

（4）Value——价值密度低

由于体量不断加大，大数据单位数据的价值密度不断降低，然而数据的整体价值却在提高，有人甚至认为大数据等同于黄金和石油，蕴含了无限的商业价值。企业应充分挖掘大数据潜藏的商业价值，拓宽经营范围，从而实现利润增长。

3. 大数据的应用发展

智慧安监的建设离不开大数据，大数据是智慧安监领域能够实现“智慧化”的关键性支撑技术。

（1）大数据解决方案的逻辑层和架构

大数据解决方案通常由大数据来源、数据改动和存储层、分析层、使用层4个逻辑层组成。下面分别介绍各个层的详细内容及其内在逻辑关系。

①大数据来源：来自所有渠道的、所有可用于分析的数据。这些数据的格式和起源各不相同，例如结构化、半结构化或非结构化数据；数据达到的速度和传送的速率因数据源不同而各不相同；收集数据的位置；数据源的位置。

②数据改动和存储层：负责从数据源获取数据，并在必要时将其转换为适合数据分析的格式。

③分析层：读取数据改动和存储层整理的数据，在某些情况下，直接从数据源访问数据。设计人员设计分析层时需要事先认真地规划，制订管理任务的决策，从数据中分析结果，找到所需的实体。

④使用层：使用分析层所提供的输出数据，使用者可以是可视化应用程序、人员、业务流程或服务。

（2）大数据分析的5个基本方面

①可视化分析。数据可视化是数据分析工具应具备的最基本能力。数据可视化可以直观地展示数据，让数据“自己说话”，让用户看到结果，这种特性可方便更多非专业机构和人士使用，进而扩大大数据的应用领域。

②数据挖掘算法。可视化是给人看的，数据挖掘是给机器看的。集群、分割、孤立点分析，还有其他的算法让我们可以深入数据内部挖掘价值。

③预测性分析能力。数据挖掘可以帮助分析员更好地理解数据，而预测性分析可以帮助分析员根据可视化分析和数据挖掘的结果做出一些预测性的判断。

④语义引擎。由于非结构化数据的多样性给数据分析带来了新的挑战，因此我们需要一系列的工具去解析、提取、分析数据。语义引擎具有从“文档”中智能地提取信息的机制。

⑤数据质量和数据管理。数据质量和数据管理是一些管理方面的最佳实践，

利用标准化的流程和工具对数据进行处理，可以保证生成高质量的分析结果。

3.2.2 安全生产大数据的特征

随着大数据时代的到来，政府安全监管部门、企业或者其他机构通过对生产经营活动中海量、无序的数据进行分析处理，总结数据的规律，发现数据的价值，可为安全生产的风险评估、隐患排查、执法检查、事故调查和决策分析等业务提供支持。

安全生产大数据是指企业安全生产、政府安全监管、社会个人参与以及与此关联的经济活动全过程所形成的文本、音频、视频、图片等海量信息的集合。通过对这些海量数据的分析，相关机构和人员可以发现潜在的隐患，评估安全风险，寻找事故规律，追溯事故原因，实现安全生产风险管理和事故预防。

安全生产大数据的特征如图3-6所示。

3.2.3 安全生产大数据当前面临的主要问题

安全生产大数据当前面临的主要问题见表3-1。

表3-1　安全生产大数据当前面临的主要问题

序号	问题	说明
1	数据量小、质量差	虽然安全监督监察部门都有一定规模的安全生产相关数据，但由于在数据收集、数据整理等方面存在一定欠缺，数据完整性、规范性方面还存在很大缺陷
2	缺乏统一的标准	目前，我国建筑、交通、铁路、民航等行业的安全监管职责落在行业管理部门，非煤、危化、工矿等其他行业的安全监管职责落在安全监督监察部门，各部门建立的事故信息数据库、监管信息数据库等没有形成统一的标准，给数据衔接带来一定的困难
3	部门协调能力不足	安全监管对象众多，各级机构限于能力和手段，在采集企业、个人及公共安全数据时，互联共享的协调能力不足，难以充分发挥作用
4	企业信息化能力弱	安全生产隐患排查的信息化能力较弱，依然主要靠人力，易受到主观因素影响，且安全与危险状态很难被界定，可靠性差
5	缺乏大数据专业分析人员	大数据建设的每个环节都需要依靠专业人员完成，传统的数据分析师并不具备开发、预测、分析应用程序模型的能力，安全生产领域的相应人才更是少之又少

特征	说明
真实性	安全生产大数据是在依法行政的许可下采集的，任何被采集对象都有义务如实填报各项数据，因此，数据是真实准确的，并具有法律效用
原始性	安全生产大数据不论是一次采集还是多次采集，均直接来源于政府、企业或个人，都是最原始、可靠的数据
完整性	监管机构为了完成一项或几项工作开展数据采集工作，必须努力保证所采集数据对该项工作的完成而言是完整的
公正性	安全生产大数据采集所涉及的组织或个人，都必须义务接受采集，任何组织或个人不可以随意拒绝
可持续性	安全生产大数据可以根据业务需要被定时、定期采集，如安全生产诚信信息等；也可以根据需要经授权后被随时获取，确保业务的可持续性
可处理性	安全生产大数据是安全监管机构为了履行行政职能而采集的，数据的内在关系是明确的，数据结构是合理的，是便于机器自动处理的
可开放性	安全生产大数据是安全监管机构依法获取的，在确保国家安全，以及组织或个人的隐私与利益不受侵害的前提下，安全生产大数据可以依法开放。任何机构、组织或个人有权向相关部门提出获取和使用数据的申请
数据分散性	安全生产大数据主要存储在生产经营单位、政府安全监管监察机构、技术服务机构、公共信息系统中，这些数据融合较难
数据边界模糊	安全生产涉及众多行业领域，如何界定安全生产数据较为困难。在生产经营过程中，企业的经营管理、工艺技术和安全生产密切相关，安全生产数据定义模糊，尤其是涉及企业商业机密时，安全生产大数据的采集就更加困难
数据效用时间短	企业安全生产监测数据、视频图像数据等效用时间短，相对于金融、社交、物流、零售等大数据，安全生产大数据价值密度更低

图3-6　安全生产大数据的特征

3.2.4 大数据技术在安全生产中的应用

大数据一方面加速了安全生产事故信息的传播速度，使企业对安全生产的关注度空前提高；另一方面，也为解决安全生产问题提供了“利器”。近年来，安全大数据作为安全生产管控的有力抓手，越来越受到企业和政府安全监管部门的重视。

1. 智能大数据分析在企业安全生产中的价值

（1）排查隐患

大数据应用可帮助企业及时准确地发现事故隐患，提升排查治理能力。当前，企业的安全生产隐患排查工作主要靠人力完成，即人员利用自身的专业知识发现生产中存在的安全隐患。这种方式易受到主观因素影响，且安全与危险状态很难界定，可靠性差。通过应用海量数据库，建立计算机大数据模型，相关人员可以对生产过程中的多个参数进行分析比对，从而有效界定事物状态是否构成安全隐患。智慧隐患排查整改系统如图 3-7 所示。

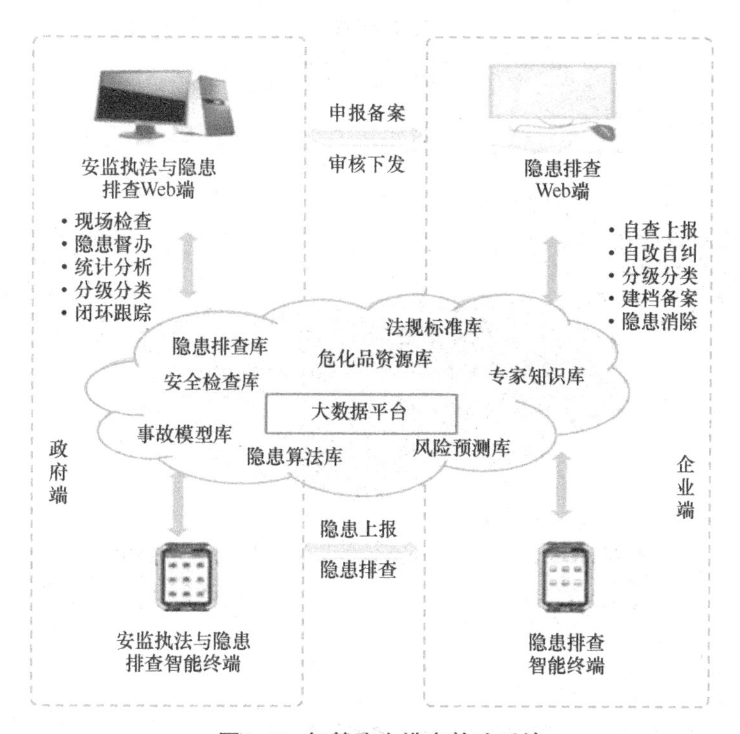

图3-7　智慧隐患排查整改系统

（2）提供安全监管有的放矢的抓手

大数据应用可揭示事故的规律，为安全决策提供理论支撑。大数据的发展为海量事故数据提供了有效的分析工具。技术人员将大数据技术应用于安全生产中，通过分析海量的安全生产事故数据，查找事故发生的季节性、周期性、关联性等规律和特征，从而找出事故发生的根源，有针对性地制订预防方案，从而提升安全监管能力，减少安全生产事故。

（3）形成安全风险预警前置的能力

相关人员通过建立预警指数，将目前存在的安全风险量化和可视化，以便采取措施消除事故隐患和风险。预警指数是反映企业生产及事故的特征指标的数值，即通过采集录入的隐患等数据，进行数据统计、分析、建模、计算，对生产安全状况进行定量化表示，反映企业某一时间的生产安全状态，提前预测可能存在的安全风险，从而有效指导企业安全生产管理的决策，从事故源头降低事故风险，助力企业建立安全生产事故可防可控的“可视化管控模式”。安全大数据预警预测平台如图 3–8 所示。

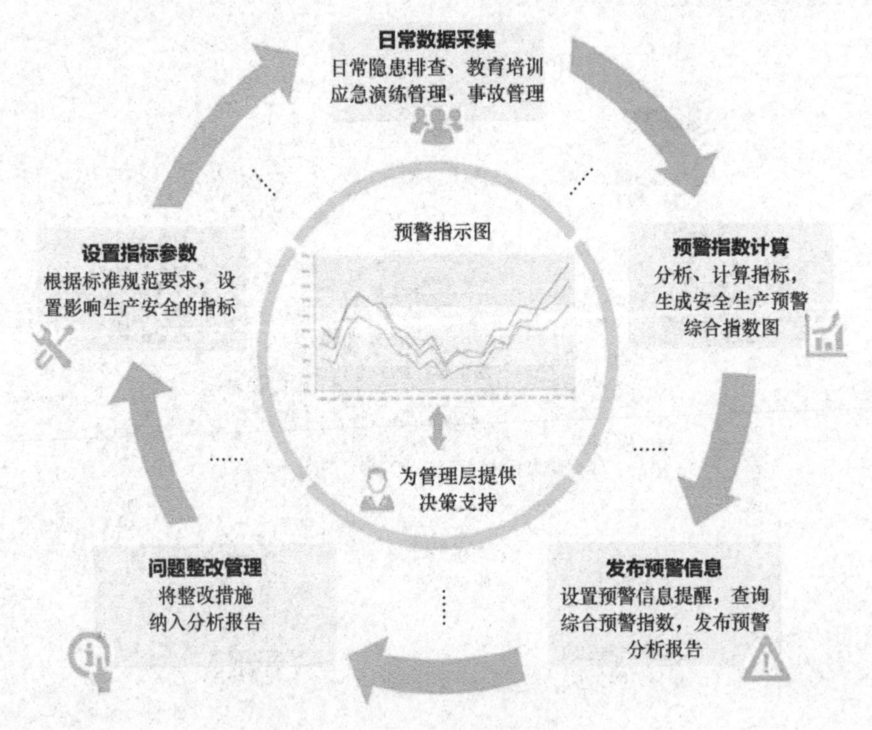

图3–8　安全大数据预警预测平台

2. 企业安全生产大数据应用价值场景

（1）安全生产风险管理

应用大数据技术可以动态地评估企业安全生产的风险。企业构建安全生产动态风险评估模型，采集各类安全生产数据作为模型的输入，根据算法计算出企业安全生产风险指数；融合区域、行业或者全国企业安全生产风险数据，计算区域性安全生产风险指数。安全生产风险指数可以用红、橙、黄、绿、蓝等不同的颜色表示，通过地理信息系统在地图上进行可视化展示，这会强化信息技术对安全生产风险识别与管理的支撑保障作用，督促企业落实主体责任，提升源头治理能力，降低安全生产事故发生的概率。

（2）安全预警和决策分析

安全生产预测预警平台的运行依赖于量化数据采集、安全现状诊断、预警指标设计、预警指数建模、指数运行监测、整改措施实施6个环节的循环闭环。系统建立和运行的过程中主要运用了数据采样、安全评价、风险量化、相关性分析、层次分析、灰色预测等方法和工具。数据分析人员会预先与企业确定预警指标，建立预警系统，监控安全风险，发出预警信号，采取预防措施。

（3）事故调查

大数据用于安全生产事故调查也是安全监管领域发展的主要方向之一。具体过程包括建立安全生产大数据模型，记录企业安全生产的基础信息、台账管理信息、隐患排查信息、监测监控信息、执法检查信息等。发生事故后，调查组可以对这些数据进行取证，从而分析事故发生的原因，判定事故责任。

（4）安全生产监管监察

安全生产监管监察机构应用大数据可以更加有效地开展工作，这是“智慧安监”的发展方向，应用点如图3-9所示。

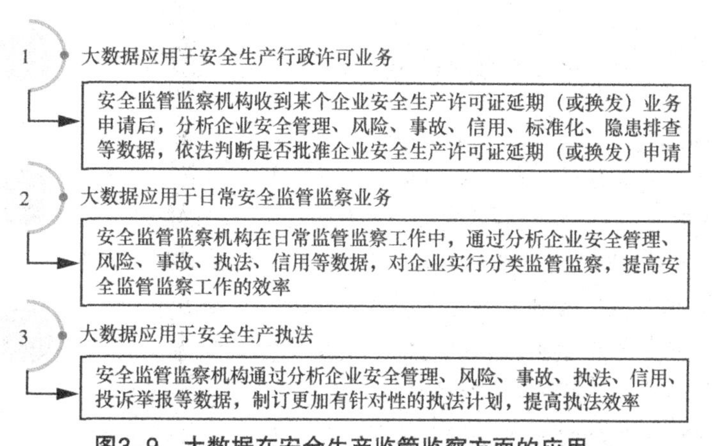

图3-9 大数据在安全生产监管监察方面的应用

（5）应急处理协同指挥

大数据在应急管理中的应用体现在 3 个方面，如图 3-10 所示。

事前准备阶段	政府或企业需要为大数据的应用做好准备。在管理和权限设置上，有必要设置基于大数据开展事故事态预测、应急资源匹配、事故后果分析等方面工作的机制，并赋予改进组织流程的权限，以推进大数据在部门工作中的落实。在技术升级和设备使用方面，政府或企业要明确需要解决的问题，以需求为导向做好准备工作
事中响应阶段	信息的有效聚合和快速传递是核心环节。政府或企业在使用大数据增强信息采集能力的同时，也要进行数据共享，建立统一的数据中心，以便在应急管理过程中提高效率；同时，在应急管理的事中响应阶段，指挥人员、专家技术人员和现场处置人员的相互联系也是至关重要的，建立高效的信息共享渠道是很重要的方面
事后处置和救援阶段	及时了解救援信息和对所获取信息的处理非常重要。如果有明确的信号可以让应急处置人员快速了解需要救援的地点和所需中救援的内容，救援效率将会得到大幅度提高。大数据在事后处置的应用就是遵循这种逻辑：通过网络或者监控设备，采集需要救援的地址和内容的相关信息，用算法筛选整合这些信息，并将指令快速传达给应急处置人员，从而提高救援效率

图3-10　大数据在应急管理中的应用

浙江大数据助推“智慧监管”应用实践

当前，安全生产数据主要通过人工录入的方式实现采集，较少采用物联网等传感器自动抓取信息的环节，这与大数据来源广泛、随机产生的特性不匹配。另外，从数据特性来看，安全生产数据以结构性数据为主，语音、视频、图片等非结构性数据相对较少，但大数据更多的是积累非结构性数据。

为此，浙江省建立健全了以省局为中心、各市安监部门为纽带，连接全省安全生产监管职能部门，延伸至各县和乡镇（街道）安监机构的安全信息网络体系，实现了全省安全生产信息资源共享；同时，推广已建安全生产监管信息系统的应用，动态管理行政审批、重大危险源监控、事故隐患排查治理、安全培训教育、应急响应等重点工作。

宁波市以“智慧城市”建设为契机，累计投入超1500万元搭建安全生产大数据信息系统，建成以安全生产中心数据库、安全生产综合监管平台、企业安全管理服务平台、安全生产公众服务平台、安委会成员协同工作平台为架构的“一库四平台”安全生产综合监管服务信息系统，基本实现了政务工作电子化以及业务功能全覆盖。

衢州市探索建设危险化学品装载运输信息综合监管系统，采集公安、安监、交通、质检等部门的信息。该系统包括信息备案、车辆安检、提货管理、运输过程检查、在途跟踪及应急救援、数据应用与分析、移动App七大功能模块，实现了装载到运输全过程动态监控和事故应急救援信息及时查询。

诸暨市通过信息化手段，将安全生产网格化监管融入“平安建设”网格，将流动人口、出租房屋、企业信息等基础信息录入“平安建设”信息系统，以即时掌握重要的基础信息资源，明确网格人员的职责、工作流程和考核问责方法等，以“大安全”推进社会平安稳定。

目前，浙江省正在对安全生产信息化平台进行全面优化整合，推进智慧安监工程建设：充分利用物联网、云计算、大数据等先进信息技术，构建安全生产云服务中心，建成安全生产数据中心，建设覆盖安全生产各领域、各业务的监管信息化平台和监测监控系统；另外，还将以此为基础，建设基于网格化管理的防控决策支持系统，实现安全生产管理从手动干预、有人值守向自动控制、少人或无人值守转变，由被动、事后响应向主动、事前预警、预控转变，从经验决策向智能决策转变，全面提升安全监管的水平和能力。

3.3 云计算技术

云计算就是将资源池里的数据集中起来，通过自动管理，让用户在需要使用的时候可以自动调用资源，支持各种各样的程序运转。云计算的核心理念就是在资源池里进行运算。

3.3.1　云计算的功能

云计算是一个虚拟化的计算机资源池，它主要有以下功能：

① 托管多种不同的工作负载，包括批量处理作业和面向用户的交互式应用程序；

② 通过快速部署虚拟机或物理机，迅速部署系统并增加系统容量；

③ 支持冗余的、能够自我恢复的且可扩展的编程模型，使工作负载能够从多种不可避免的硬件、软件故障中恢复；

④ 实时监控资源的使用情况，在需要时重新平衡资源分配。

3.3.2　云计算的体系结构

云计算的体系结构如图 3-11 所示。

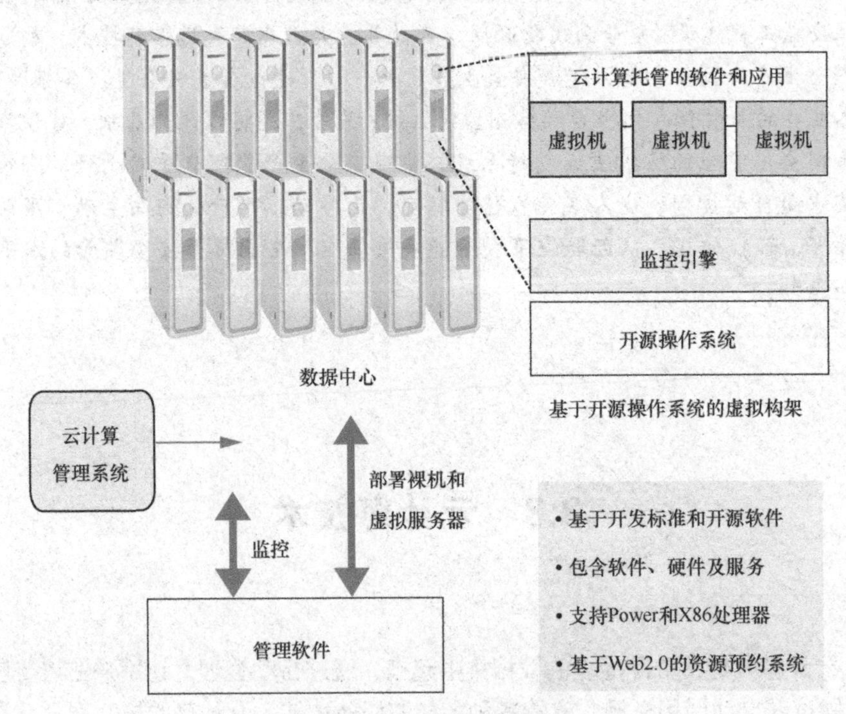

图3-11　云计算的体系结构

云计算的体系结构包括数据中心、管理软件、虚拟化组件和云计算管理系统：管理软件的作用是管理数据中心的计算资源，如服务器、存储和被托管的软件及应用；虚拟化组件提供了数据中心的虚拟化技术，配合管理软件，使数据中心的虚拟化成为可能；云计算管理系统则提供了用户申请云计算资源的界面，并允许管理人员定制云计算管理的规则。

在图 3-11 中，云计算最终用户看到的是已安装好软件和应用的虚拟机。用户根据自己的需要，通过云计算管理系统界面，设定虚拟机的类型、容量和所需安装的软件。经过合法的批准流程，云计算会自动为虚拟机分配并配置好硬件，安装操作系统及所需的软件和应用，并将配置好的虚拟机的相关信息如 IP 地址、账号和密码等交付给用户，这时，用户就可以使用虚拟机了，就像自己使用一台服务器一样。

3.3.3 云计算在安全生产监管中的应用

基于安全生产监管的云平台的建设包括：在数据中心异构环境下形成网络、主机、存储等资源池，通过智能、便捷的云计算管理平台和软件，搭建基于云计算的应用支撑平台；通过桌面云提供安全、易管理、低成本的信息技术办公环境。智慧安监云平台的建设内容如图 3-12 所示。

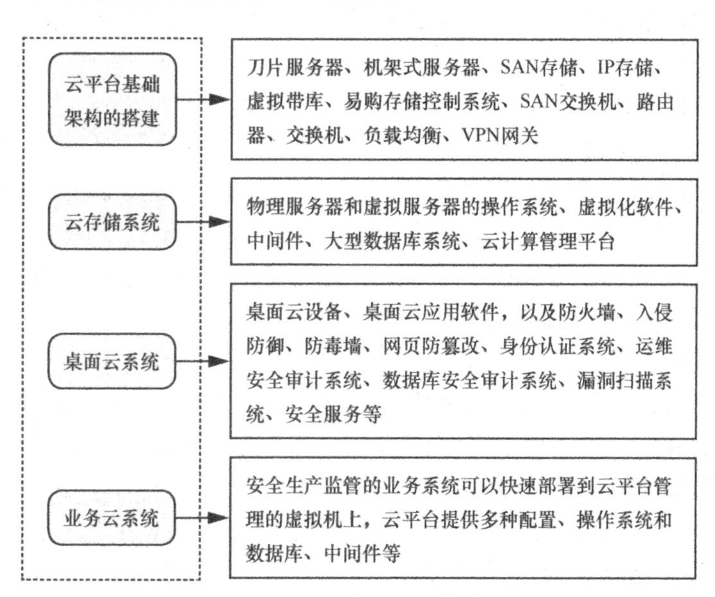

图3-12 智慧安监云平台的建设内容

1. 云平台基础架构的搭建

云平台基础架构的搭建是安全生产监管服务实现的基础，包括采用服务器虚拟化技术、虚拟存储技术、网络虚拟化技术等。通过聚合这些虚拟化技术，基于业务优先级，资源可被准确地按需分配给应用程序。

（1）服务器虚拟化技术

云平台为搭建的若干个计算节点服务器安装配置实现虚拟架构的相关软件，承担虚拟化宿主服务器的作用，在单个物理服务器实体上，利用服务器强大的处理能力，生成多台虚拟服务器。每台虚拟服务器从功能特点、技术性能和操作方面，等同于传统的单一物理服务器。

（2）虚拟存储技术

虚拟存储技术在虚拟化层中对存储资源实现虚拟化管理，即实现存储的集中分配使用、集中备份等。虚拟存储技术通过配置光纤存储阵列产品，配置冗余的光纤交换机，组成标准的存储区域网（Storage Area Networking，SAN）集中存储架构，将平台上的所有虚拟机都以封装文件的形式存放在 SAN 存储阵列上，最后共享 SAN 存储架构，从而发挥云计算解决方案的最大优势。

（3）网络虚拟化技术

服务器虚拟化平台提供可选的分布式网络交换功能，可以从整体界面为整个数据中心设置虚拟机网络连接，从而简化网络管理；同时实现虚拟机跨多个主机移动时能保持网络运行时状态的目标，实现线内监视和集中式防火墙服务。

2. 云存储系统

云存储系统是云存储的核心平台，可提供可靠、高效、方便获取、按需供给的存储和传输服务。存储分发平台相当于云计算的基础设施即服务（Infrastructure as a Service，IaaS）层和平台即服务（Platform as a Service，PaaS）层，主要负责管理存储设备，存储设备由分布在不同区域的大量分散的存储设备和服务器构成。云存储系统的结构模型由以下层组成。

（1）存储层

存储层是云存储系统最基础的部分。存储设备可以是网络附属存储（Network Attached Storage，NAS)（字面意思简单理解为连接在网络上，具备资料存储功能的装置，因此也称为“网络存储器”）和小型计算机系统接口等 IP 存储设备，也可以是直连方式存储设备。在企业，服务器里的个体磁盘被称为直连式存储设备，作为服务器外的驱动组。

存储设备之上是统一存储设备的管理系统，可以实现存储设备的逻辑虚拟化管理、多链路冗余管理，以及硬件设备的状态监控和故障维护。

（2）基础管理层

基础管理层是云存储系统最核心的部分，也是云存储系统中最难以实现的部分。基础管理层通过集群、分布式文件系统和网格计算等，实现云存储系统中多个存储设备协同工作的目标，使多个存储设备可以对外提供同一种服务，并提供更强的数据访问能力。

内容分发系统、数据加密技术保证云存储系统中的数据不会被未授权的用户访问，同时，通过各种数据备份和容灾技术可以保证云存储系统中的数据不会丢失，保证云存储系统自身的安全和稳定。

（3）应用接口层

应用接口层是云存储系统最灵活多变的部分。不同的云存储系统运行单位可以根据实际业务类型，开发不同的应用服务接口，提供不同的应用服务，如视频监控应用平台、IPTV 和视频点播应用平台、网络硬盘引用平台、远程数据备份应用平台等。

（4）访问层

任何一个授权用户都可以通过标准的公共应用接口登录云存储系统，享受云存储服务。云存储系统运行单位不同，云存储系统提供的访问类型和访问手段也不同。

3. 桌面云系统

桌面云系统可以通过瘦客户端或者其他任何与网络相连的设备来访问跨平台的应用程序，以及整个客户桌面。

（1）桌面云系统的优势

桌面云系统集传统计算机端的功能与分布式计算的功能于一身，还具有很多独一无二的全新优势。

（2）桌面云系统的基础架构

桌面云系统的基础架构如图 3-13 所示。

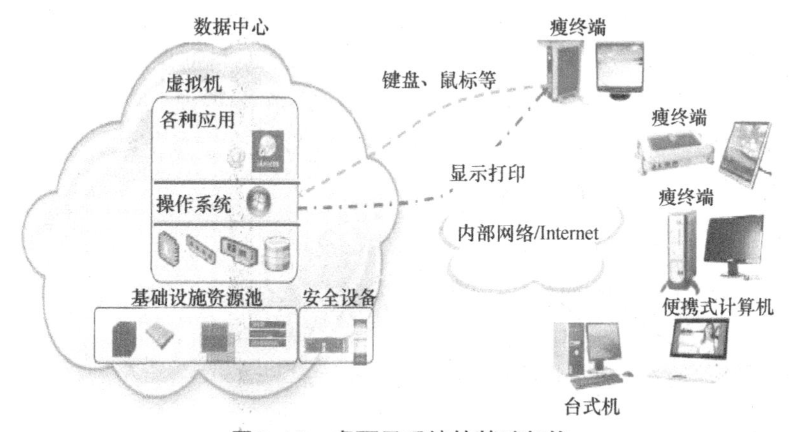

图3-13　桌面云系统的基础架构

瘦终端是我们使用桌面云系统的设备，一般是一个嵌入式操作系统，可以通过各种协议连接运行在服务器上的桌面。为了充分利用已有的资源，实现信息技术资产的最大化应用，架构中也支持对传统桌面进行一些改造，安装一些插件，使它们也可以连接运行在服务器上的桌面。

4. 业务云系统

安全生产监管业务云系统包括各级应急管理部门对企业提供服务的业务系统和企业自用业务系统两大部分。

3.4 “互联网+”技术

“互联网 +”在安全生产的前期有效预防、中期合理监督、后期快速处理方面都有着重要的意义。

目前，“互联网 +”的思维和手段已逐渐被应用于安全生产监管过程中。建立监管信息大数据系统，不仅可以有效解决监管信息不对称的问题，还能够提高监管透明度和企业履行主体责任透明度，显著提升监管的有效性。

3.4.1 何谓“互联网 +”

“互联网 +”是指以互联网为主的一整套信息技术在经济、社会生活各环节、各方面的扩散、应用过程。它是新一代智能终端、新一代网络技术和新一代服务创新的集聚融合，是立足互联网技术实现跨界集成创新的重要入口。

可以说，“互联网 +”以一种新的经济形态和产业发展业态，将互联网的创新成果深度融入经济社会各领域，充分发挥了互联网在生产要素配置中的优化和集成作用。

3.4.2 “互联网 + 安全”的内容

“互联网 + 安全”的内容包括以下 3 个方面，如图 3–14 所示。

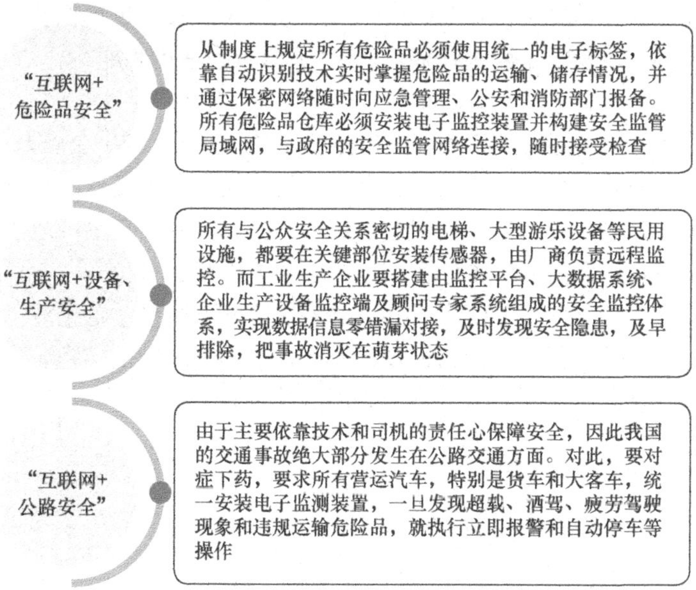

"互联网+危险品安全"	从制度上规定所有危险品必须使用统一的电子标签，依靠自动识别技术实时掌握危险品的运输、储存情况，并通过保密网络随时向应急管理、公安和消防部门报备。所有危险品仓库必须安装电子监控装置并构建安全监管局域网，与政府的安全监管网络连接，随时接受检查
"互联网+设备、生产安全"	所有与公众安全关系密切的电梯、大型游乐设备等民用设施，都要在关键部位安装传感器，由厂商负责远程监控。而工业生产企业要搭建由监控平台、大数据系统、企业生产设备监控端及顾问专家系统组成的安全监控体系，实现数据信息零错漏对接，及时发现安全隐患，及早排除，把事故消灭在萌芽状态
"互联网+公路安全"	由于主要依靠技术和司机的责任心保障安全，因此我国的交通事故绝大部分发生在公路交通方面。对此，要对症下药，要求所有营运汽车，特别是货车和大客车，统一安装电子监测装置，一旦发现超载、酒驾、疲劳驾驶现象和违规运输危险品，就执行立即报警和自动停车等操作

图3-14 "互联网+ 安全"的内容

3.4.3 "互联网 + 安全"的应用场景

1. "互联网 + 安全生产宣传"

为实现安全生产理念的全面覆盖和普及，创新安全生产宣传模式，充分运用"互联网 +"的思维，将"微宣传"作为"接地气、连民心"的重要创新载体，相关部门和机构可创建安全生产微博、微信，每天通过微博、微信平台，以漫画、视频、图片、短文等形式，做好安全知识和法律法规宣传、安全监管工作动态发布等宣传工作，用指尖上的沟通互动，打造出安全生产"微宣传"的新模式。

2. "互联网 + 安全生产大数据库"

为提高安全生产监管的科学性、高效性，可有效地将企业的基本情况数据库管理系统、各类标准化信息管理系统、重大危险源申报管理系统、安全隐患排查治理信息系统、职业病危害申报与备案管理系统等安全管理系统数据进行资源共享和资源整合，融合形成安全生产大数据库，为安全生产监管提供可靠的信息数据支撑。

3. "互联网 + 安全生产监控平台"

政府积极打造省（自治区、直辖市）、市、县三级联网的安全生产综合监控平台，建设专门的安全生产视频监控室，将重点行业、高危行业现场视频监控纳入安全监控平台，实现 24 小时不间断、全方位监控，强化现场作业生产安全实时远程监管，从而有效提升紧急情况下的应急救援反应速度和能力。

4.“互联网 + 安全实时动态监管”

安全生产微博微信、安全生产大数据库、安全生产监控平台应得到充分利用，以实现安全生产工作的实时交流、预警、监督、执法、曝光。由于解除了距离限制因素，安全生产监管、执法反应速度更加快捷，打击安全生产违法违章行为的速度更快，安全隐患消除更加有效，安全监管效率倍增。

同时，各级安全监管监察部门可积极开展“安全生产示范企业”活动，创建安全生产示范企业标兵，以点带面地把安全管理优秀经验推广到非重点企业，全面提高企业安全生产管理水平，进一步推进“互联网 + 安全”的实施。

第二篇

路 径 篇

第4章

智慧安监顶层设计

现阶段，安全监管工作要求高、范围广、领域宽，监管对象点多面广，仅依靠传统的人工手段难以实现全员、全过程、全方位的安全监管，加强安全生产的信息化建设，利用信息化手段创新安全监管监察方式，已成为政府履行安全监管职责，提高公共服务和社会管理能力的重要保障。

4.1 智慧安监顶层设计的基本情况

4.1.1 智慧安监顶层设计的必要性

如今，信息已经成为重要的生产要素，渗透到生产经营活动的全过程，融入安全生产管理的各环节。安全生产信息化就是利用信息技术，通过对安全生产领域信息资源的开发利用和交流共享，提高安全生产水平，推动安全生产形势持续稳定的过程。

在各方面的共同努力下，各级安全监管监察机构建设了一批信息系统，为安全生产监管、煤矿安全监察、应急管理和社会公共服务提供了有效的技术支撑。但是，全国安全生产信息化建设缺乏顶层设计，应用程度不高，距离实现全国范围的安全生产信息化执法、风险监测预警和信息资源共享等还存在很大差距，而智慧安监的发展则有助于解决这些问题。

4.1.2 智慧安监顶层设计的目的

智慧安监顶层设计的目的如图 4-1 所示。

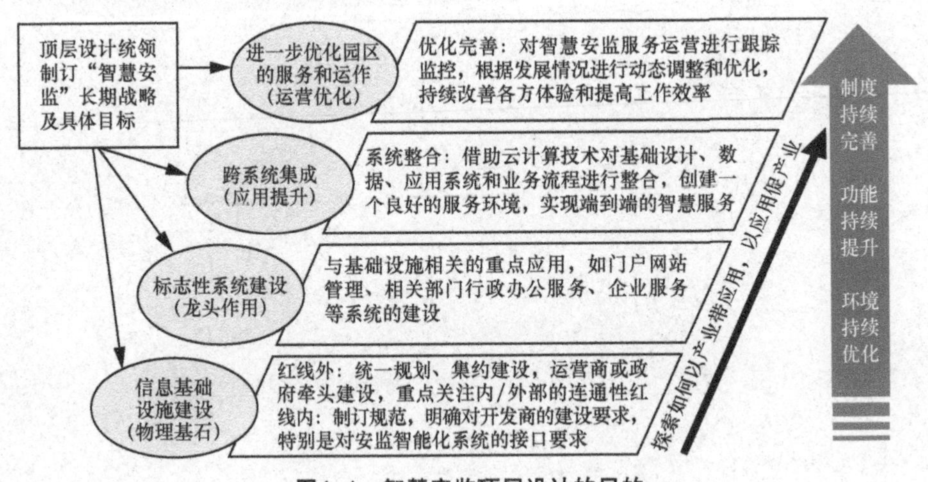

图4-1　智慧安监顶层设计的目的

智慧安监推进的步骤如图 4-2 所示。

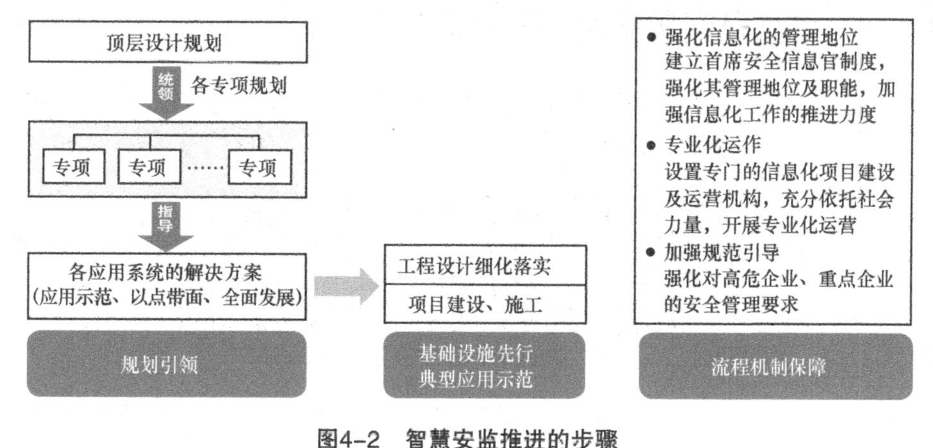

图4-2 智慧安监推进的步骤

4.1.3 智慧安监顶层设计的原则

智慧安监顶层设计应遵循如图 4-3 所示的原则。

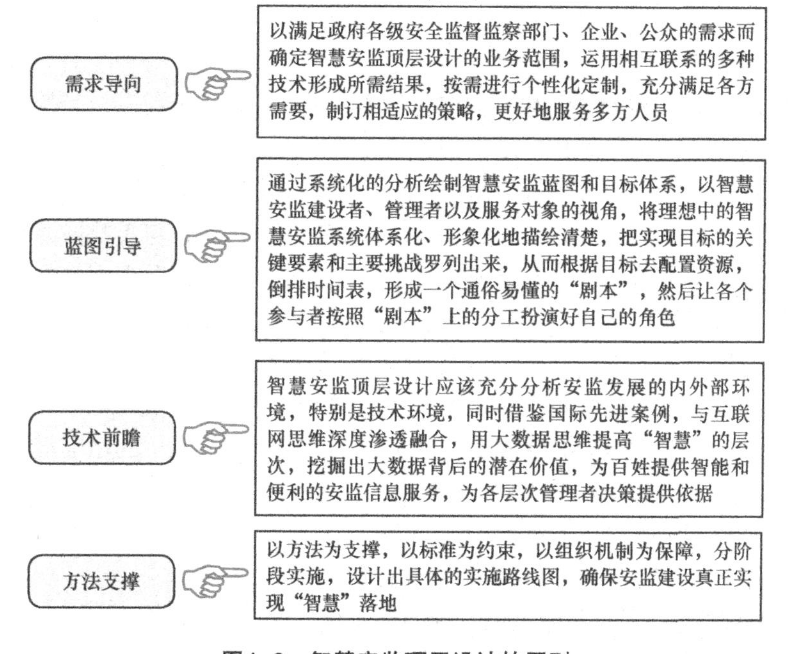

图4-3 智慧安监顶层设计的原则

4.1.4 智慧安监顶层设计的方法与工具

“工欲善其事，必先利其器”，进行智慧安监顶层设计也是如此，必须运用一定的方法与工具，具体如图 4-4 所示。

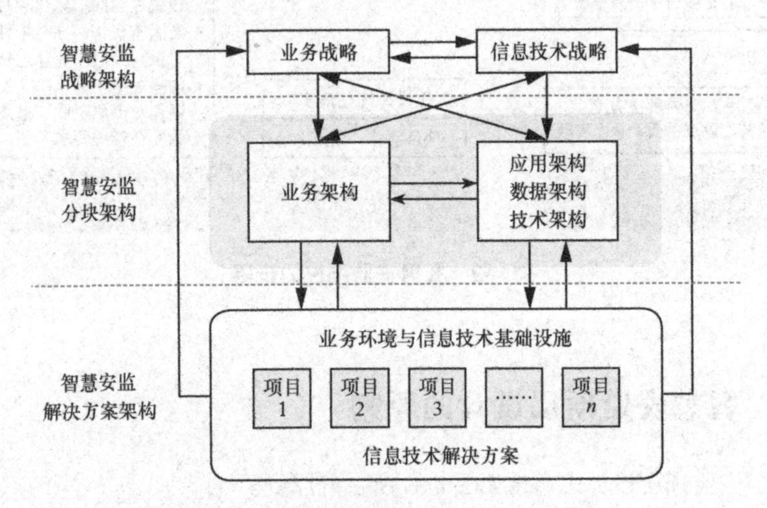

图4-4 智慧安监顶层设计的方法与工具

1. 战略架构

战略架构即为整个智慧安监未来发展方向提供一幅蓝图或一个目标体系，该架构决定着智慧安监的发展方向。

战略架构提出了智慧安监的主要目标：围绕安全生产监管、企业生产安全管理、对内对外服务等主题，以强化基础、促进应用为主线，着力开展通信基础设施建设，增强智慧安监的基础支撑能力；建设数据库，加大安全生产信息资源整合共享的力度；建设智慧应用系统，提升安监管理与服务的水平；推进智慧安监产业发展；强调大数据思维，挖掘出大数据背后的潜在价值，提供智能便利的安全信息服务；遵循用户思维，了解用户的需求；遵循跨界思维，将电子商务与智慧安监融合，为用户带来全新的体验；在盈利方式上，引入互联网的运营模式，使项目具有可行性和可持续发展性。

这一阶段的目标如下：

① 明确智慧安监的发展蓝图即智慧安监的未来设计方向；

② 发现适合智慧安监发展的有利的、最新的战略机制。

2. 分块架构

（1）业务架构

业务战略决定业务架构，业务架构是业务战略的表现，它包括业务的运营模式、流程体系、组织结构、地域分布等内容。

数据在具体的业务活动中产生并被利用，因此，业务架构梳理是识别数据元素、定义数据架构的基础。为了全面识别智慧安监核心业务所涉及的数据元素，相关机构及人员应根据各级应急管理部门业务的发展规划，按照“职能域（对象域、业务域）—业务过程—业务活动”的层次结构对核心业务流程进行梳理和描述，建立描述业务元素之间内在关系的逻辑结构。业务架构的梳理将主要服务于数据架构的建立，为信息资源分析的全面性、系统性、准确性奠定基础。

这一阶段的目标主要包括：

① 对智慧安监所包含的业务进行梳理，描述目前智慧安监的业务架构；

② 基于业务原则、目标和战略驱动力，开发目标业务架构，描述关于业务战略和业务环境的各个方面；

③ 分析基础业务和目标业务架构的差距；

④ 选择和开发相关的架构视点，展示如何处理利益相关者在所选视点的关注点。

（2）数据架构

数据架构定义了组织级数据的逻辑结构和物理结构，使数据作为一种资产，能够在各应用之间无边界地流动，从根本上解决信息交换和共享的问题。

概念数据模型是从信息视角抽象的业务层面数据模型，定义了重要的业务概念、对象实体及实体之间的业务关系。

逻辑数据模型是对概念数据模型的进一步分解和细化，描述域内和域间的实体、实体属性以及实体关系，主要解决细化的业务结构问题。基于概念数据模型，逻辑数据模型的首要内容是确定各概念域中的核心逻辑数据实体及其相互关系，然后构建各个概念域中的逻辑模型。

物理数据模型描述的是模型实体的实现细节。在设计完逻辑模型之后，设计人员需再根据所选的数据库平台和应用程序架构，设计数据库的物理数据模型，主要解决数据库的物理实现问题，此时需要考虑所使用的数据库产品、字段类型、长度、索引等因素和编码规则。

这一阶段的目标是：支持业务，并定义主要的数据类型和所需的数据源。

（3）应用架构

应用架构定义了各级应急管理部门及企业应建立的信息系统，明确了各系统间的关系，提供了各级应急管理部门及企业所需应用系统的蓝图。

应用架构的研究内容包括各级应急管理部门及企业运作所需的应用系统架

构，可以从应用层次、功能、实现视角被描述。通过对智慧安监的应用架构进行分析，我们可知：在应用层次方面，其可被分为管理层应用、业务层应用、执行层应用等；在业务功能方面，其可被分为综合管理、业务管理、财务应用、人力资源管理、办公系统等；在实现方面，其可被分为客户机/服务器模式、浏览器/服务器模式等。

这一阶段的目标是：处理数据和支持业务，定义主要类型的应用系统。

（4）技术架构

技术架构规划了运行业务、数据、应用架构所需要的信息技术基础设施，这些信息技术基础设施包括硬件、网络、中间件等，为智慧安监建设提供了科学规划。

技术架构定义了组织的技术路线、技术标准、技术选择和技术组件等。完整的技术架构涉及数据架构、应用架构和基础设施的各个层面，并给出了实现应用架构与数据架构的技术路径。

这一阶段的目标主要有以下3点：

① 将架构阶段定义的应用构件映射到一系列技术构件（即技术平台里的硬件和软件）；

② 使架构解决方案在物理上得以实现，从而使技术架构与实施和迁移计划紧密相连；

③ 定义技术组合的现状和目标视图、详细的面向目标架构的路线图，以及识别路线图中关键节点的工具包。

3. 解决方案架构

解决方案架构规划了智慧安监的保障体系，包括标准、制度、组织以及智慧安监的实施项目与实施进度。

保障体系的形成可使智慧安监的标准、制度、组织变得更加清晰、简洁、模型化，从而使其更加从容地应对各种突发状况。智慧安监的主要实施方向是以"大安监"为核心理念，以智慧网络设施为基础，以智慧装备为载体，以智慧政务和智慧服务为重点，以智慧组织为保障，努力在智慧安监体系构建、运作机制、项目应用中取得实质性进展。

这一阶段的目标主要有以下3点：

① 确定智慧安监的保障体系，即智慧安监的标准、制度和组织；

② 对智慧安监实施项目进行分阶段描述；

③ 对智慧安监的实施进度进行跟踪，建立概念模型、逻辑模型、物理模型等。

4. 支持工具

智慧安监顶层设计的工作内容，特别是其中的前期调研、需求分析和设计阶段的工作内容需要分析整理大量的复杂资料，在整理资料的过程中，工作人员要注意保持定义与理解的一致性。资料的存储、修改和后续应用开发需要信息和知识的连续性。为此,需要一种规范、专业的软件工具来支持智慧安监顶层设计工作。该软件工具应具有如图 4-5 所示的特点。

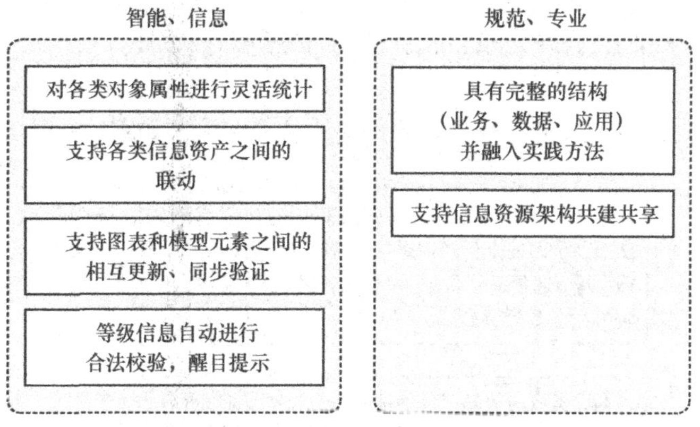

图4-5 智慧安监顶层设计的支持工具的特点

由于智慧安监是智慧城市的重要组成部分，因此，采用智慧城市顶层设计工具来支撑智慧安监顶层设计是毋庸置疑的。智慧城市顶层设计工具是为了满足城市、政府部门、其他组织架构或体系而开发的产品，可以辅助相关参与者的架构管理部门或信息部门，对业务、数据、应用等进行可视化的架构构建工作，并支持彼此之间的关联和可持续改进，形成清晰完整的高阶模型。该产品可有效支撑企业架构开发理论框架、工作方法的具体实施。产品的架构资源库存储整个架构开发过程中的各种资产和资源，管理层、决策层可从不同角度、视点审视组织的结构和运作。

4.2 《全国安全生产“一张图”地方建设指导意见书》

2017 年 8 月,国家安全监管总局办公厅发布《关于印发全国安全生产“一张图”地方建设指导意见书的通知》(安监总厅规划〔2017〕69 号)(以下简称《通知》),要求各地更好地开展安全生产风险预警与防控工程建设，促进信息系统互联互通和信息共享。

省级安全监管云服务平台要利用交换共享平台，实现与国家安全监管总局需要的各类安全生产数据信息的100%交换共享，利用本地区安监云服务平台为90%以上的省级安全监管信息传输（主要包括企业安全生产音频、视频、监测、预警类、安全监管监察执法类信息传输）和业务运行提供高效便捷、安全可靠、功能丰富的云服务。

在《通知》中，国家安全监管总局提出5项要求，如图4-6所示。

1 加强组织领导。各级安全监管监察机构和有关省级煤矿安全监管部门要按照《全国安全生产信息化总体建设方案》和《全国安全生产“一张图”地方建设指导意见书》，抓紧制订本地区安全生产“一张图”工程各项目的技术实施方案

2 提高业务应用效能。各单位要加快开发部署业务应用信息系统，大力开展信息化应用技能培训，有效提升安全监管监察人员的信息化能力水平

3 强化系统整合共享。建设统一数据交换平台，与国家安全监管总局应用系统互联互通、信息共享和无缝对接，确保全国安全生产信息化“一盘棋”建设

4 突出试点先行。承担高危行业企业风险预警与防控试点工程的地区，要有步骤地选择试点企业验证风险分析模型的准确性，避免一窝蜂式部署

5 严格项目与资金管理。不得挪用、占用专项资金，确保专款专用，发挥投资效益

图4-6 国家安全监管总局在《通知》中提出的5项要求

4.3 “三合一”平台为安全监管执法提供全新升级手段

安全生产行政执法监察是安监业务的核心内容，对安全生产单位的管理、企业诚信管理、安全生产标准化、事故隐患的排查与整治、重大危险源管理、应急

管理与指挥救援、安全生产远程监控监测、安全生产绩效考核等相关业务都起到至关重要的作用。

《国务院办公厅关于印发推行行政执法公示制度执法全过程记录制度重大执法决定法制审核制度试点工作方案的通知》(国办发〔2017〕14号)(以下简称《通知》)提出:推行行政执法公示制度、执法全过程记录制度、重大执法决定法制审核制度(以下统称三项制度),对于促进严格规范公正文明执法,保障和监督行政机关有效履行职责,维护人民群众合法权益,具有重要意义。

《通知》要求,行政执法全过程记录,以规范行政执法机关履行其职责。移动执法终端在行政执法移动化的过程中,执法证据不能完全被搜集,因此执法记录仪、执法取证设备、安全生产监管执法系统(后台)与其优势互补,互联互通,共同组成安全生产行政执法"三合一"平台。

4.3.1 安全生产行政执法监察系统信息化建设的演变过程

安全生产行政执法监察系统信息化建设的演变过程如图4-7所示。

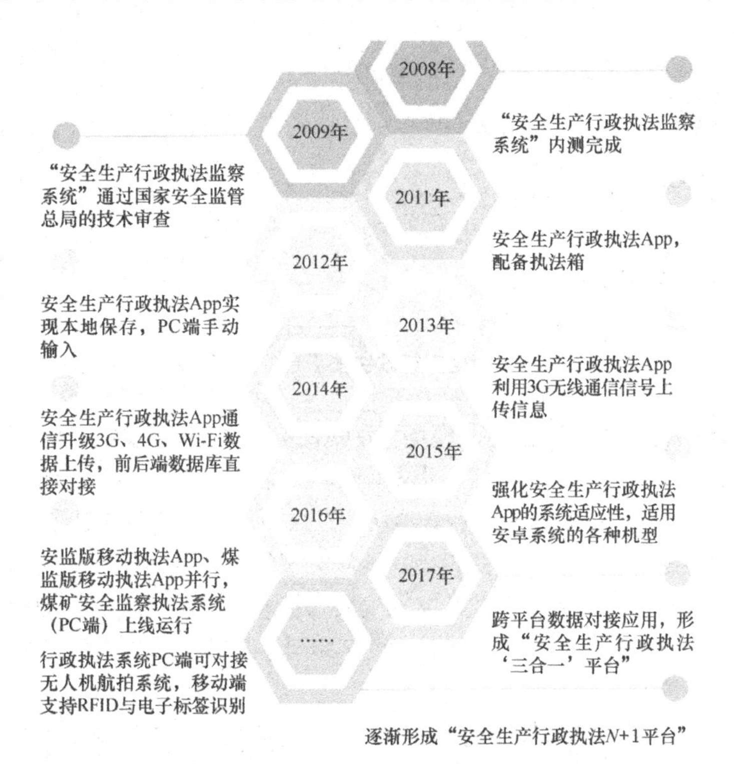

图4-7 安全生产行政执法监察系统信息化建设的演变过程

在整个安全生产行政执法监察系统发展过程中，PC 端系统和移动端 App 的功能模块设置紧随国家的最新政策、相关法律法规以及最新的技术革新而不断提升优化。

4.3.2 安全生产行政执法“三合一”平台的相关内容

安全生产行政执法“三合一”平台包括安全生产行政执法系统（后台）、安全生产监管执法终端 App、执法取证设备服务软件、执法记录仪 App。其中，安全生产行政执法系统实现执法终端、执法记录仪、执法取证设备业务数据的汇总和执法业务协同，支撑案件全过程的信息链管理。安全生产行政执法平台应用网络拓扑如图 4-8 所示。

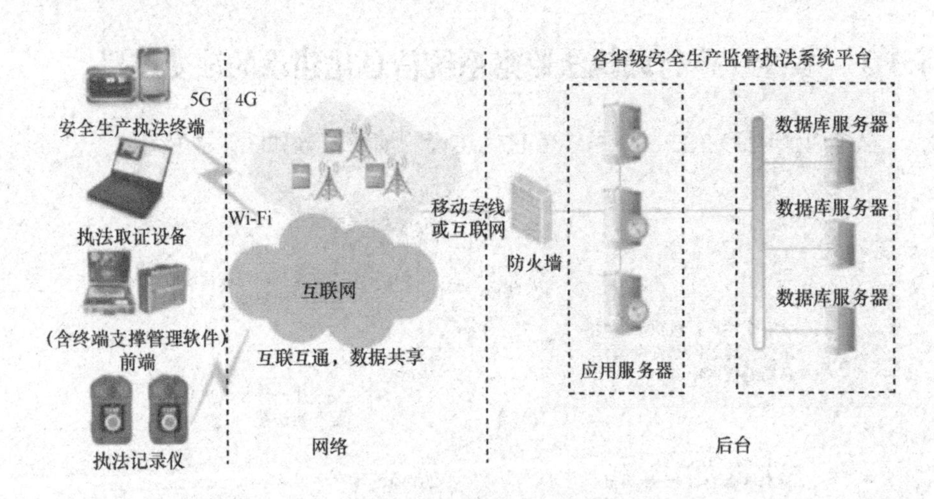

图4-8 安全生产行政执法平台应用网络拓扑

在安监移动执法的过程中，现场移动执法终端能实现现场执法、现场取证、法律法规对照、数据上传等功能，为安全生产执法人员提供移动执法办公的服务应用支撑。执法终端是安全生产行政执法“三合一”平台中很重要的一环。目前，执法终端配备新的执法文书样式设定，执法文书具备内置语段、各类违法内容与行为处罚依据，可以完成现场执法文书的段落编程与打印，减少手动输入量，做到现场便捷执法；充分支持执法检查、立案审批、整改复查审批、流转结案等过程的在线信息管理。

执法记录仪则可以为现场全程录像，内置定位系统，管理执法人员的执法轨迹，可以及时上传执法过程的录像文件，并可实现远程实时对接调取。

执法取证设备在案件询问、申辩、听证等环节使用较多，是现场执法检查后续程序办理中取证的关键设备，可实现笔录全方位录像、录像数据上传、指纹采集比对、实时刻录、加密安全防护、文书电子签名等功能。

总体而言，"三合一"平台实现终端与终端的互联，执法设备 ID 综合管理，执法案件取得的现场或远程的全部证据得到集中存储、分级调取，形成执法全过程信息链管理，在现场执法、立案审查、申辩听证、整改复查过程中，各种现场信息远程实时接入、远程下达、远程控制等功能得到很好的实现。

第5章

智慧安监云平台建设

新型“智慧城市”能够充分运用信息和通信技术手段检测、分析、整合城市运行核心系统的各项关键信息，从而对于包括民生、环保、公共安全、城市服务、工商业活动在内的各种需求做出智能的响应，为人类创造更美好的生活。

“智慧安监”平台作为“智慧城市”建设规范的核心内容之一，可以满足各级安全监督监察部门履行依法行政、依法监管、应急指挥等职能的需求，能够让各级安全监督监察部门对辖区内的企业实现分类分级监管和网格化监管。平台能够实现对监管监察、应急救援等业务工作的数字化、流程化、网络化和智能化管理，为各级安全监督监察部门监管监察和应急救援能力建设提供有效的科技支撑手段。

5.1 智慧安监云平台的基本内容

智慧安监云平台简称“安全云”，构建面向政府监管部门的安全监管云、面向生产经营单位的安全管理云和面向社会公众的安全监督云，以形成全社会共建共用的“安全云”服务平台。

5.1.1 智慧安监云平台的服务对象

智慧安监云平台集安全监管、安全教育、安全救援、安全评估、安全大数据为一体，服务于政府、安全生产经营单位、安全中介机构、安全产品提供商、安全从业人员等。图 5-1 为智慧安监云平台的服务对象及服务内容简介。

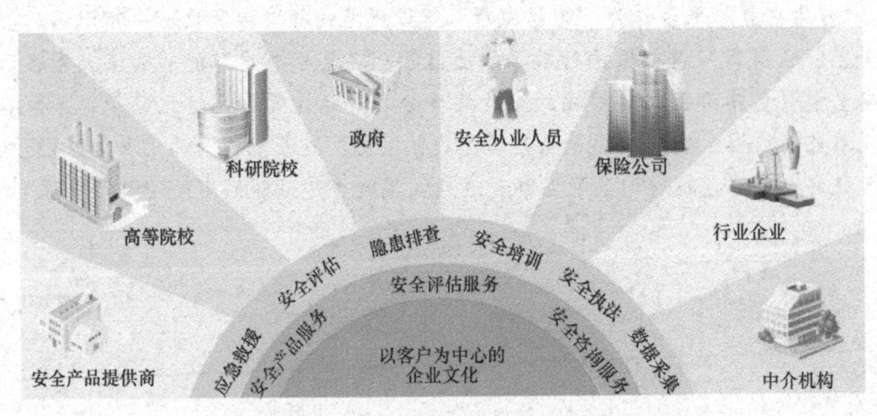

图5-1 智慧安监云平台的服务对象及服务内容示意

5.1.2 智慧安监云平台的体系构成

智慧安监云平台包括一套标准规范体系、1 个数据中心、3 个支撑平台、五大应用系统和 1 个统一门户。其中，五大应用系统包括安全监管监察信息系统（又可分为安全监管和煤矿监察）、隐患排查信息系统、应急救援信息系统、公共服务信息系统以及涉及大数据分析和深度应用的大数据安全辅助决策系统，涵盖安全监管基础信息管理、行政许可、煤矿安全监察执法、非煤矿山行业监管、危险化学品行业监管、烟花爆竹行业监管、工贸行业监管、职业健康监管、隐患排查治理、应急救援指挥、重大危险源监管、安全生产标准化、科技规划与项目管理、安全生产培训、事故查处与警示教育、举报投诉等 40 个子系统、120 多个业务模块。

5.1.3 智慧安监云平台的应用

智慧安监云平台实现以下六大示范性应用，如图 5-2 所示。

5.2 智慧安监云平台的建设原则

智慧安监云平台的建设原则包括以下 5 个方面。

5.2.1 统一规划，分步建设

智慧安监云平台充分体现“数据共享、平台共用”的建设思想，特别是要实现市、区两级安监部门共享、共用，避免重复建设。智慧安监云平台采用整体托管、统一部署的思想，极大地降低了平台硬件的建设投资成本，也解决了网络和信息安全管理等运维问题，降低了运维成本，在顶层设计的基础上，坚持“以用促建”的原则，采用分步建设策略，避免出现重复开发和“信息孤岛”。

5.2.2 互联共享，注重实效

智慧安监云平台在满足市级安全监管监察和办公主体功能的同时，覆盖了区级安全监管业务，并延伸到乡镇（街道）和企业，横向覆盖安委会成员单位。

总体来看，智慧安监云平台应成为包括行业监管、重大危险源监管、行政执法、隐患排查、职业卫生监管、教育培训、企业诚信、应急管理与指挥救援、煤矿远程监测等功能的综合信息化平台，实现对安全监管业务流程、使用部门、服务对象的全覆盖。

1 实现安全生产监管“一张图”

通过对企业安全生产全量、全周期数据的汇聚，形成安全生产大数据，以基本信息“一张表”、综合展现“一张图”的形式实现企业安全信息“家底清”

2 重大危险源远程巡查与在线监测预警

通过该平台实现对重点监管企业重大危险源的在线监测、分级响应和应急处置，有效增强了事故的防范能力。在监管过程中，监管人员通过对企业的关键装置、重点部位进行远程视频监控和对有毒可燃气体数据进行在线监测，实现远程监察执法的目的

3 监察执法的信息化管理

利用信息化技术，通过执法系统的应用，辅助安全监管监察部门实现对企业的执法任务部署、执法过程管理、执法文书自动生成以及执法情况综合统计分析等功能；通过调用“安全云”平台执法依据，辅助编制各类执法文书，将现场采集的信息、文书一键上传后，由平台提供各类文书、监察执法信息的查询、统计、分析功能；同时，通过移动执法终端的应用，将现场执法检查的画面实时回传到指挥中心，以确保每次执法过程的公开、透明和可追溯

4 应急管理与救援

以应急指挥系统为核心，按照“平战结合”的原则进行设计：在“平时”，完成对应急资源数据的管理；在“战时”，通过建立应急救援“一张图”和救援资源信息“一张表”，快速实现对安全生产事故的统一调度和指挥

5 利用大数据分析手段为企业安全管理和政府安全监管提供辅助决策

以数据为基础，利用科学化、信息化的手段，提升对大数据的利用能力，实现对安全信息的深度挖掘和应用，从企业的人、机、环、管、艺5个方面的薄弱环节入手，着重对企业的在线监测数据、安全生产相关信息和企业隐患排查治理情况等进行关联分析和综合判定，实时对企业安全生产状况进行动态评估，科学评定安全风险等级，一方面为企业安全生产管理提供决策依据，有效防范和减少事故的发生；另一方面为政府实施分级动态监管，组织开展有针对性的专项治理提供辅助决策

6 层层联网、数据共享

“安全云”平台以“汇聚、协同、共享、引领”为核心理念，融合公安、食药、环保、林业、城管、气象等安委会成员单位的共享业务信息、视频监测数据，通过有效整合，为构建安全生产大数据中心提供基础数据保障

图5-2 智慧安监云平台的六大示范性应用

通过智慧安监云平台的建设，各行业的信息、监管监察业务、应急资源、安全监管空间数据、专家知识、安委会成员单位信息资源共享等方面的安全生产基础数据可得到统一存储、管理、共享。

智慧安监云平台的建立，为各类工作计划的制订、不同企业的隐患治理、企业安全标准化管理提供了决策参考，这将更加有利于安全监管工作的高效开展。

5.2.3 业务流程全覆盖

全覆盖、无缝隙、精细化管理模式是一种科学、高效的管理模式，既是一种管理理念，又是灵活运用于工作中的管理方法。

业务流程全覆盖主要是针对各级应急管理部门所有日常工作中的业务流程实现全覆盖。业务流程大到企业数据上报审批流程、行政许可审批，小到日常办公等，业务流程从纵向和横向上实现全面覆盖，如图5-3所示。平台建成后，可基本实现各级应急管理部门所有相关业务流程统一通过系统平台开展实施的目标，从而真正实现无纸化办公。

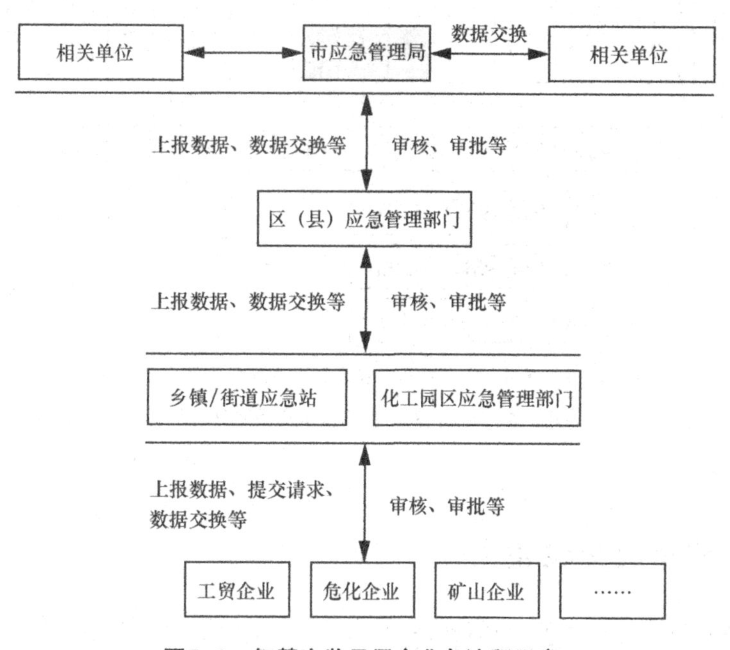

图5-3 智慧安监云平台业务流程示意

5.2.4 使用部门全覆盖

平台建立在统一的体系架构上，所有的应用模块均基于此平台进行管理和响应，所有部门在一个数据系统之上，各模块之间的数据可安全地相互调用及共享，充分利用网络和数据资源，以形成一个结构统一、内容完整、层次分明、资源高度共享的管理信息系统。

平台提供用户、用户组和角色的管理，可以方便地调整部门之间的关系、用户与部门之间的从属关系，将角色、部门和用户相关联，总体呈树状授权机制，可以分别授权给不同的人员、部门，在统一的用户管理的基础上，实现各部门之间的分级授权配置，从而实现使用部门的全覆盖，如图 5-4 所示。

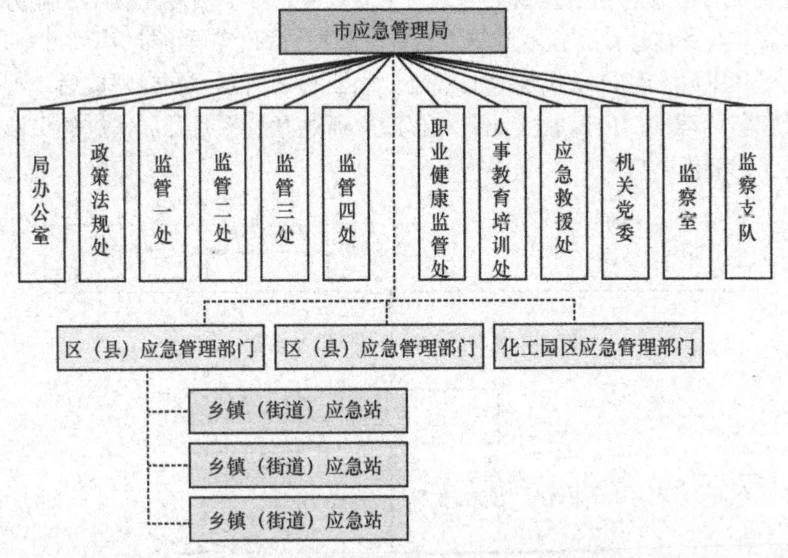

图5-4 智慧安监云平台的使用部门示意

5.2.5 业务对象全覆盖

业务对象全覆盖主要是指在安监日常工作中，业务流程中涉及的与业务对象相关联信息的全覆盖，如收集企业基本信息和统一集中采集与企业相关的所有信息。

5.3 智慧安监云平台的建设目标

智慧安监云平台是基于电子政务外网和内网建成的纵向覆盖市、区、乡镇（街道）各级安全监管监察部门及企业，横向覆盖相关安委会成员单位的全市范围的集安全生产监管、行政执法、隐患排查、安全标准化、综合业务管理、应急管理等功能于一体的综合信息化平台。

5.3.1 统一的数据中心

智慧安监云平台通过建立统一的数据中心，制订统一的数据标准，方便数据的存储以及数据共享、交换与挖掘工作。

数据中心平台建设统一的数据申报登记系统、统一的数据库和统一的数据管理及挖掘平台，对企业数据库、危险源信息库、行政审批库、行政执法库、安全生产隐患排查信息库、中介机构信息库、企业安全标准库、职业卫生监管库、安全知识库、应急资源库等数据进行集中管理，制订统一的数据标准，并集成每个相互独立的子系统，实现数据和信息的共享。

5.3.2 统一的支撑平台

统一的支撑平台采用先进的云计算技术进行设计和架构。与传统分散项目建设模式不同，统一的支撑平台实现集约化建设模式，避免每个政府部门或企业单独进行机房建设和应用系统的开发及部署，可由同一个支撑平台统一构建各自的业务系统，系统间互不干扰，但可实现数据的共享和交换，支持多种方式的访问和使用。

5.3.3 统一的电子地图

整个平台采用统一的电子地图作为各类业务数据可视化综合展示和分析的手

段，所有的业务数据与电子地图进行无缝对接。通过电子地图，相关人员可以直接查询相关业务数据库，可在电子地图上单击查询企业的详细信息、危险源信息、视频信息、复合可视化信息等。

5.3.4 统一的应用系统

基于统一的支撑平台，智慧安监云平台可实现各级部门和企业的各类业务系统的统一架构和运行，实现系统互联互通及数据共享，避免因为信息系统分开独立建设造成“信息孤岛”和重复投资。各级应急管理部门、化工园区等公用、共性功能模块统一搭建在支撑平台上，避免重复建设、系统不兼容、数据不互通等问题出现。

5.4 监管监察系统建设

监管监察系统是由综合监管子系统、视频应用子系统、事故隐患排查治理子系统、安全生产信息管理子系统、安全生产行政执法子系统、安监指数应用子系统组成的。

5.4.1 综合监管子系统

综合监管子系统是为实现对重点区域的远程可视化监控管理，实时掌握企业安全生产中的重大危险源信息、企业报警信息、隐患排查信息等动态信息而建立的。该子系统通过大屏、一机三屏的展现方式，对接入的视频以及业务信息进行直观展示和联动调用，通过整合企业和“智慧环保”视频、重大危险源、隐患、报警的监管监察管理资源信息，掌控、感知和展示安全态势信息，实现安全生产全过程、全方位监管。

1. 综合监管子系统的业务用户

综合监管子系统的业务用户包括集聚区人员、安全生产指挥中心监管人员、安全生产监管企业。监管主责单位主要对辖区内企业及人员进行视频监控管理、综合态势管理、安全生产信息管理、统计分析等。企业主要上报本企业的基本信息，定期申报危险源的相关信息等。

2. 综合监管子系统的业务功能

综合监管子系统的业务功能说明见表 5-1。

表5-1 综合监管子系统的业务功能说明

序号	功能	说明
1	监控可视化	① 加强各级应急管理部门对辖区企业厂区入口、重大危险源区域、企业内部重要区域等的远程可视化监控管理，实现对新建视频、重点关注企业已建视频、“智慧环保”所需整合视频的有效接入； ② 通过比较简洁、方便的视频监控操作，切换、监看关注的视频资源，指挥中心监控人员根据需要对监控视频实时进行截图、录像等； ③ 指挥中心监控人员能灵活选择一级重大危险源视频点位、企业近期报警频繁处视频点位等形成一组监控预案，让系统能按规定时间间隔自动进行视频切换； ④ 监控人员能对安全事故历史视频进行操作、控制，实现对事故的回查、取证
2	安全生产态势管理	① 实现企业安全生产状态及时感知，接入和监管一级重大危险源企业的危险源监控设备的报警信息； ② 在二维、三维地图上，构建集重点危险源、视频资源、安全生产隐患、消防重点单位、电梯信息等资源为一体的“一张图”； ③ 动态接入危险源信息、报警信息、隐患排查信息等，并在地图上直观展示
3	安全生产信息管理与分析	① 管理辖区企业危险源申报登记信息，管理接入的信息； ② 接入重大危险源监测监控设备（如视频设备和液位、温度、浓度、压力、流量等传感设备）的监测参数信息，及时掌握重大危险源的情况； ③ 实时接入辖区重大危险源监控设备的报警信息，监管安全生产的运行情况； ④ 能够对重大危险源信息（等级、种类等）、隐患排查信息（一般隐患、重大隐患数量、隐患整改率等）、企业报警信息（等级、频次、类别等）进行统计分析，让各级应急管理部门宏观掌握辖区内企业的安全生产情况

3. 综合监管子系统的技术方案

从建设内容上看，综合监管子系统为软件系统，系统包含视频监控管理、综合态势管理、安全生产信息管理、综合分析等模块，系统部署于指挥中心。各级应急管理部门通过对整合视频的切换、控制，对接入的重大危险源信息、报警信息、“两客一危”车辆信息等安全生产信息进行管理、统计分析，以宏观掌控辖区内企业的安全生产综合情况。

（1）视频监控管理模块

通过视频监控管理模块，系统可以方便地实现实时视频监控、重点区域巡控、历史视频回查、视频轮巡控制、监控预案配置管理、本地录像、抓拍等功能。

1）实时视频监控子模块

实时视频监控子模块实现对前端接入视频在监控主机、大屏上的实时显示的控制。子模块支持 1、4、8、9、13、16 等多分屏显示，支持视频画面亮度、对比度、饱和度、色度调整。实时视频监控子模块具体实现的功能如图 5-5 所示。

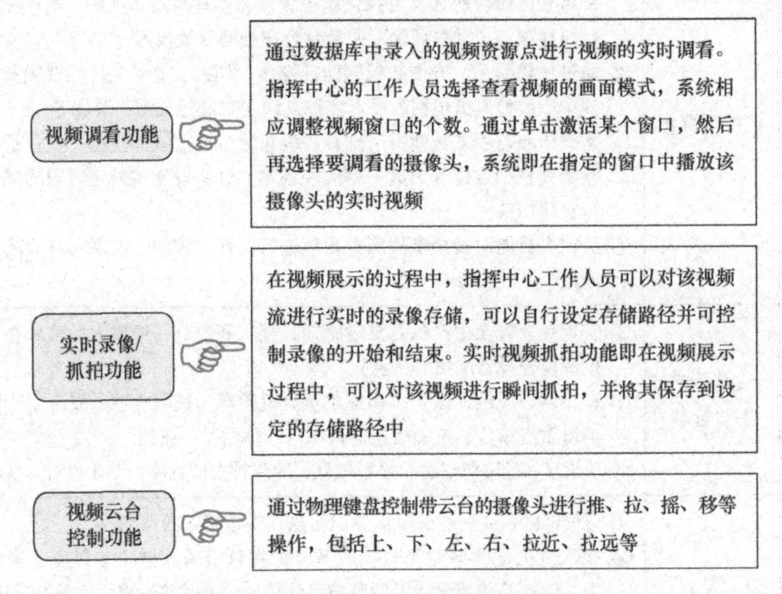

视频调看功能
通过数据库中录入的视频资源点进行视频的实时调看。指挥中心的工作人员选择查看视频的画面模式，系统相应调整视频窗口的个数。通过单击激活某个窗口，然后再选择要调看的摄像头，系统即在指定的窗口中播放该摄像头的实时视频
实时录像/抓拍功能
在视频展示的过程中，指挥中心工作人员可以对该视频流进行实时的录像存储，可以自行设定存储路径并可控制录像的开始和结束。实时视频抓拍功能即在视频展示过程中，可以对该视频进行瞬间抓拍，并将其保存到设定的存储路径中
视频云台控制功能
通过物理键盘控制带云台的摄像头进行推、拉、摇、移等操作，包括上、下、左、右、拉近、拉远等

图5-5　实时视频监控子模块实现的功能

2）重点区域巡控子模块

重点区域巡控是指在日常生活中对监管辖区的重点区域进行巡视监控。重点区域巡控子模块实现的功能包括视频预案执行、视频预案编辑、视频区域编辑，具体如图 5-6 所示。

3）历史视频回查子模块

历史视频回查子模块主要实现事发之后的视频回查取证功能。在发生安全事故或重大事故报警后，指挥中心工作人员复制企业、智慧安监视频监控系统存储的历史视频，通过视频快照回查、控制、视频倒放、历史视频播放控制等功能，快速定位安全事故事发现场，追溯安全事故相关人员、事由等信息；同时下载、截取安全事故事发过程录像，通过系统转码，将下载得到的历史视频转为通用格式进行有选择的存储，便于回查取证。

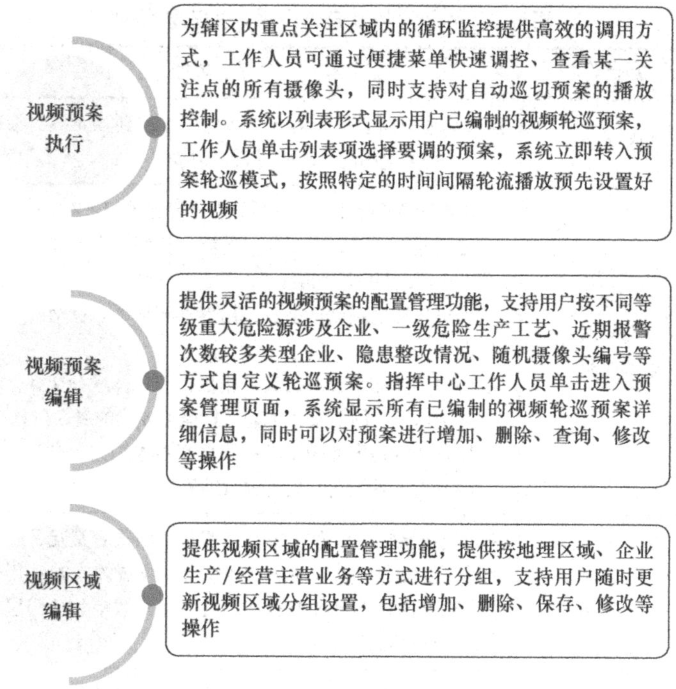

视频预案执行

为辖区内重点关注区域内的循环监控提供高效的调用方式，工作人员可通过便捷菜单快速调控、查看某一关注点的所有摄像头，同时支持对自动巡切预案的播放控制。系统以列表形式显示用户已编制的视频轮巡预案，工作人员单击列表项选择要调的预案，系统立即转入预案轮巡模式，按照特定的时间间隔轮流播放预先设置好的视频

视频预案编辑

提供灵活的视频预案的配置管理功能，支持用户按不同等级重大危险源涉及企业、一级危险生产工艺、近期报警次数较多类型企业、隐患整改情况、随机摄像头编号等方式自定义轮巡预案。指挥中心工作人员单击进入预案管理页面，系统显示所有已编制的视频轮巡预案详细信息，同时可以对预案进行增加、删除、查询、修改等操作

视频区域编辑

提供视频区域的配置管理功能，提供按地理区域、企业生产/经营主营业务等方式进行分组，支持用户随时更新视频区域分组设置，包括增加、删除、保存、修改等操作

图5-6 重点区域巡控子模块实现的功能

历史视频回查子模块包括视频快照回查和历史视频检索：历史视频检索完成对大量历史视频中关注的、有关安全事故的视频的初步检索、截取、录像、存储；视频快照回查则对截取的历史视频进行进一步回查，以获取更具体、更详细的信息。

（2）综合态势管理模块

安全生产综合态势管理模块利用 GIS 技术、三维空间分析技术，结合厂区的数字地图，采用二维与三维场景相结合的方式，实现对辖区视频点位、重大危险源、安全生产隐患、消防安全重点单位、安全生产报警等信息的综合接入和管理，生成安全生产“一张图”，旨在提升相关部门在综合监管、快速反应等方面的综合处理能力。

安全生产综合态势管理模块包括地图操作及查询子模块、图层数据管理及资源标绘子模块和安全生产运行态势管理子模块。

1）地图操作及查询子模块

地图操作及查询子模块的功能说明见表 5-2。

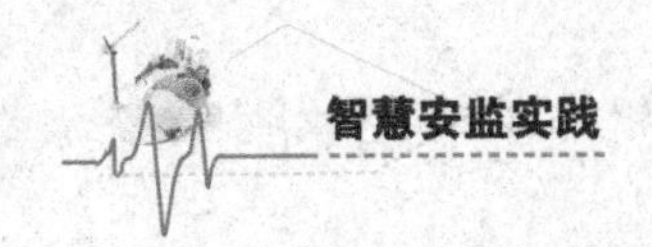

表5-2 地图操作及查询子模块的功能说明

序号	功能	说明
1	地图加载	读取地理空间数据库信息，将地图加载到界面中，编辑地图的显示方式，并对地图的显示效果进行渲染
2	二维地图显示控制	① 能灵活地选择不同的图层组合进行相关信息资源的显示，能够实现地图放大、缩小、平移、量测、打印、全图显示、回退、图层控制、图例显示等功能； ② 用户选择地图浏览工具，用鼠标与地图进行交互，实现对地图的浏览； ③ 用户选择地图查询工具，用鼠标与地图进行交互，通过点或者框选中地图中的要素，查询选择地图要素的属性信息； ④ 用户选择地图量测工具，用鼠标与地图进行交互，在地图上选择测量点，系统实时显示测量结果
3	三维地图显示控制	用户通过鼠标、键盘、操作杆等与地图进行交互，实现三维场景的漫游、旋转、放大、缩小、测量等基本操作功能；用户勾选图层列表中的某图层，系统加载该图层，用户取消勾选图层列表中的某图层，系统隐藏该图层
4	查询与定位	① 可按区域位置、属性种类、企业资料等进行圆形、矩形、任意多边形查询，如重大危险源单项查询、企业数据查询等；支持相关属性信息的即时调阅与动态查询； ② 支持快速定位，根据输入的经度、纬度坐标实现快速定位，如重大危险源定位；支持通过属性选择或者位置选择等功能，快速准确地确定危险源位置、视频点位、隐患的位置，并获得相关安全监管信息

2）图层数据管理及资源标绘子模块

子模块提供居民居住地、交通地等基础地理信息图层和摄像机、报警点、消防等安全生产数据图层的地图数据维护功能，由系统维护人员使用地图制作工具进行维护，支持方便地增删摄像机、报警点等数据，可增加和修改图层，提供添加数据源和数据集的功能；支持具有相应权限的用户在 GIS 地图上对重大危险源、视频点位、重点单位等资源信息进行标绘。

3）安全生产运行态势管理子模块

子模块实时从数据库、平台等获取整体态势数据，依托 GIS 技术绘制安全生产“一张图”，对辖区安全生产关注的各类资源和实时感知信息进行集中展示。安全生产运行态势管理的各类信息说明见表 5-3。

表5-3 安全生产运行态势管理子模块的各类信息说明

序号	展示的信息	说明
1	视频点位显示与关联应用	① 在电子地图上可以查看新建、整合的企业已建视频前端设备的信息，包括摄像头名称、编号、所属企业、监控方向、监控范围以及其他属性信息； ② 通过单击电子地图上的点位标注图标调用该点的视频图像，还可将报警系统集成以实现报警联动提示，当报警点位产生报警信号后会自动关联附近的摄像头的图像，并在电子地图上弹出显示，也可弹出到电视墙上显示； ③ 可自由组合多个相关摄像头进行分组，启动该组的多个摄像头的同时向不同的监视器切换
2	重大危险源信息显示	通过在电子地图上显示重大危险源的信息，使相关人员可以了解各企业的重大危险源的具体位置、数量分布等情况，单击危险源可以显示重大危险源的详细信息以及周边情况，如果附近区域已经安装了前端监控设备，则还可以显示现场的一些参数与视频信息。在电子地图上，一级、二级、三级、四级重大危险源企业以不同的颜色被标注出来，监管部门对重大危险源级别较高的企业进行重点监管，从而使显示更加直观、生动。另外，依托GIS地图仪表盘工具，系统将辖区监管企业危险源监控设备运行状态的实时信息、历史数据、地理位置信息等综合集成，以形象化的图表形式展示实时和历史的各种指标数据并对其进行综合比较，结合地图进行有效监控
3	隐患排查信息显示	动态更新辖区企业隐患排查情况，实时对每一隐患情况进行定位、展示，以掌握隐患空间分布和运行状况信息。在电子地图上，相关人员可以看到存在隐患的企业，直观地了解各企业的隐患治理情况。暂无安全隐患的企业、存在隐患的企业、待复查的企业以及已验收的企业分别以不同的颜色在电子地图上被标注。相关人员还可以查看各企业隐患排查的具体情况，包括安全隐患编号、单位名称、发现时间、具体位置、安全隐患等级、部门选择、是否消除等内容
4	重大危险源报警信息显示	与企业互联互通获取其重大危险源及重点部位和关键设施的有关可燃、有毒气体检测仪等自动检测仪的报警信息，通过网络实时传输，系统能与企业报警系统同步预警。当出现报警情况时，系统可实现报警企业的自动地图定位，同时地图上会根据报警等级以不同颜色的图表显示报警信息。子模块能与视频监控管理模块进行交互，视频监控管理模块能显示报警点附近的视频信息，以实时展示报警点附近的视频
5	“两客一危”车辆信息显示	相关人员在地图上可以查看“两客一危”车辆全球定位系统定位信息，能实时定位车辆的当前信息；相关人员在电子地图上直接单击移动车辆图标，地图上可显示车辆的最新运行信息（经纬度、速度、车牌号、所属单位等信息）；相关人员可以从数据库中调出一个或多个移动目标的任意时间段内的历史轨迹，电子地图上可以重现运行情况

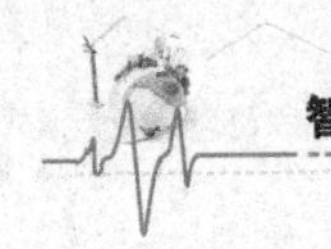

（续表）

序号	展示的信息	说明
6	消防安全重点单位信息显示	相关人员在地图上可以查看消防安全重点单位的信息，信息包括单位名称、消防安全责任人、管理人、责任人/管理人变更情况、联系电话等
7	电梯信息显示	相关人员对辖区监管电梯的基本信息、维保信息、检修信息等信息进行管理，绘制相应的图层，根据监管需要将电梯信息在地图上进行相应的直观展示

（3）安全生产信息管理模块

1）基本信息管理子模块

基本信息管理子模块实现对辖区企业（法人、主要经营业务、注册资本、地址等）、企业安全生产人员（人员数量、持证情况、联系电话等）、接入的隐患排查、报警等信息的管理。以危险化学品企业为例，危险化学品企业信息管理的情况见表5-4。

表5-4　危险化学品企业信息管理情况

序号	名称	描述
1	基本信息	
2	安全评价情况	
3	单位、机构、人员和制度	安全生产管理机构
		安全生产负责人及管理人员
		安全生产规章制度
4	许可、标准化和安全投入	安全生产许可证和危险化学品登记证
		建设项目安全监管
		安全生产标准化
		安全投入
5	工艺、装备和生产情况	产品及原料
		工艺技术及装备
		区域位置图和平面布置图
		重大危险源
		重点危险化学品
6	安全培训和安全检查	安全生产培训
		特种作业人员
		企业内部安全检查
		政府有关部门安全检查

（续表）

序号	名称	描述
7	应急救援与事故情况	应急救援
		安全生产事故

基本信息管理子模块是随着系统的投入使用，逐步动态完善的模块。各级应急管理部门工作人员能对辖区危险化学品企业、安全从业人员情况等信息执行查询、修改、删除等操作。

2）危险源管理子模块

危险源管理子模块包括危险源的上报和审批、危险源的等级划分、危险源档案的统一建立和定期更新等。危险源管理子模块的功能如图 5-7 所示。

1 危险源排查申报和登记

各企业在线填报重大危险源申报登记表，重大危险源申报登记表内容主要包括重大危险源企业信息和重大危险源信息，其中，企业信息包括法人代表、单位代码、企业名称、填表人姓名、联系电话、行业管理部门等；支持危险源的新增、变更、撤销操作

2 危险源审批

可以通过系统对新增、变更、撤销的危险源进行审批操作，对重要危险源进行独立审批

3 重大危险源辨识

系统将所有危险物质的临界点汇总建立一个数据库，根据物质的危险特性及数量，与相对应的危险物质的临界点进行比较（根据国家规定的公式），判断其是否属于重大危险源。这样，系统实现了对所有企业填报的重大危险源的自动辨识，从而可获得企业的每一个危险源是否属于重大危险源的信息。对于有重大危险源的企业，系统将企业设置为重大危险源企业

4 重大危险源评估分级

依据评价报告，确定重大危险源的死亡半径，根据死亡半径判断重大危险源的级别。对于重大危险源，则按级别列出，显示各级别的重大危险源情况

5 重大危险源监测信息管理

利用重大危险源现场的监测监控设备（如视频设备和液位、温度、浓度、压力、流量等传感设备）采集现场的实时数据（包括压力、浓度、温度等），定期检测，存储、管理采集信息，建立重大危险源评估监控的日常管理体系，为安全生产监管部门提供实时数据和报警服务，方便其对重大危险源企业的突发事故进行现场处置和综合协调

图5-7　危险源管理子模块的功能

3）企业安全状况分级子模块

子模块根据预先设定的分级预警指标对从各企业采集的有关报警类型、次数、危险等级、处置等情况信息进行分析，同时考虑现阶段的安全管理、人员素质、技术装备等方面对重大危险源的控制水平情况，判断企业危险源的状态、报警级别，从而对企业的安全状况进行动态分级。

按照企业安全状况和危险程度进行分级监管，同时对高危险等级的企业，可以制订高危险企业视频巡控方案，进行重点视频监控。监管部门可以参考相关的分析数据，对危险等级高的企业进行针对性的执法抽查，监察隐患整改情况、安全配套设施构建情况等。

（4）综合分析模块

综合监管子系统对其他子系统、模块的监管数据进行接入汇总，并通过视频监控、多传感器联动和行政执法综合信息系统对辖区重大危险源、隐患排查、企业报警等信息进行监督管理，对安全生产的监管信息进行统计分析；利用开放式图形化统计分析自定义生成报表，满足监管部门的分级填报、汇总、个性化查询分析的需要，让监管部门宏观掌握辖区企业安全生产的运行情况。综合分析模块的功能如图 5-8 所示。

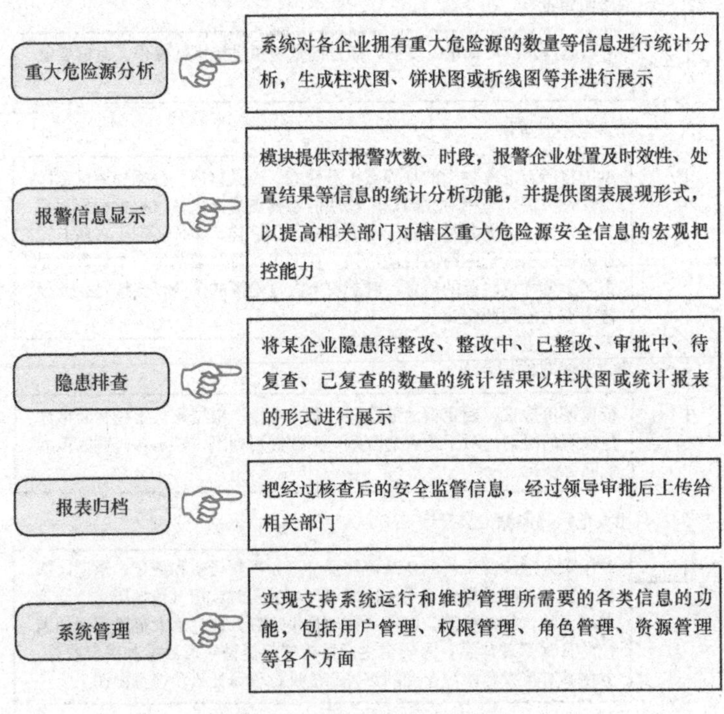

重大危险源分析
系统对各企业拥有重大危险源的数量等信息进行统计分析，生成柱状图、饼状图或折线图等并进行展示
报警信息显示
模块提供对报警次数、时段，报警企业处置及时效性、处置结果等信息的统计分析功能，并提供图表展现形式，以提高相关部门对辖区重大危险源安全信息的宏观把控能力
隐患排查
将某企业隐患待整改、整改中、已整改、审批中、待复查、已复查的数量的统计结果以柱状图或统计报表的形式进行展示
报表归档
把经过核查后的安全监管信息，经过领导审批后上传给相关部门
系统管理
实现支持系统运行和维护管理所需要的各类信息的功能，包括用户管理、权限管理、角色管理、资源管理等各个方面

图5-8　综合分析模块的功能

5.4.2 视频应用子系统

视频应用子系统实现对监管区域视频的广泛覆盖、统一监控、统一调度，对辖区企业的视频监控终端、传输链路等进行升级改造、新增建设。辖区距地面十几米至几十米的制高点位置，可建设或配备具有可见光和红外双通道、远距离、大范围、可实现透雾夜视功能的制高点监控系统。系统采用智能视频分析算法，对不同格式的大量视频数据进行目标提取、摘要提炼等智能处理，帮助指挥中心监管人员提高监控的效率。

1. 视频应用子系统的业务功能

视频应用子系统应具备的业务功能如图 5-9 所示。

1 对集聚区内企业的生产经营情况（包括车辆、人员进出情况，危化品运输、装卸、存储等情况）进行24小时、大范围、远距离、全方位的监控

2 制高点监控具有红外、电视图像增强及电视透雾功能，能有效提高图像对比度，显示目标细节特征，有效提高在雾天对目标的识别

3 具有GIS地图联动功能，可在GIS地图上显示安装地点；可综合计算摄像机焦距值、转台方位角、俯仰角等参数，在GIS地图上显示当前的监控范围，并实时更新监控范围；用户单击地图上的某个点，系统即可自动转到该点所处方位进行监控

4 制高点监控具有全景图像拼接功能，扇扫过程中可以实现电视、红外视频图像扇扫区域内的全景图像拼接，掌控大范围的监控区域

5 对集聚区辖区企业进行视频监控补点建设，加强对重大危险源、重点区域的视频监管力度；具有视频智能分析功能，能够在实时监控中应用火灾检测报警、非法入侵检测、人员拥挤程度判别、图像去雾增亮、遗留物检测等功能，事后进行视频摘要提炼、海量视频信息检索等操作，从而预防事故发生和为有关案件办理提供线索和证据

图5-9 视频应用子系统应具备的功能

2. 视频应用子系统的技术方案

系统由企业视频前端监控模块、制高点视频监控模块、视频应用处理平台等组成。其中，企业新增视频点位的监控视频接入相应企业，再传送至视频应用

处理平台；制高点视频监控资源通过光纤接入视频应用处理平台；视频应用处理平台位于指挥中心，实现对所有监控点位的控制及对所有视频图像的处理和分析。

（1）企业视频前端监控模块

企业视频前端监控模块的组成如图 5-10 所示。

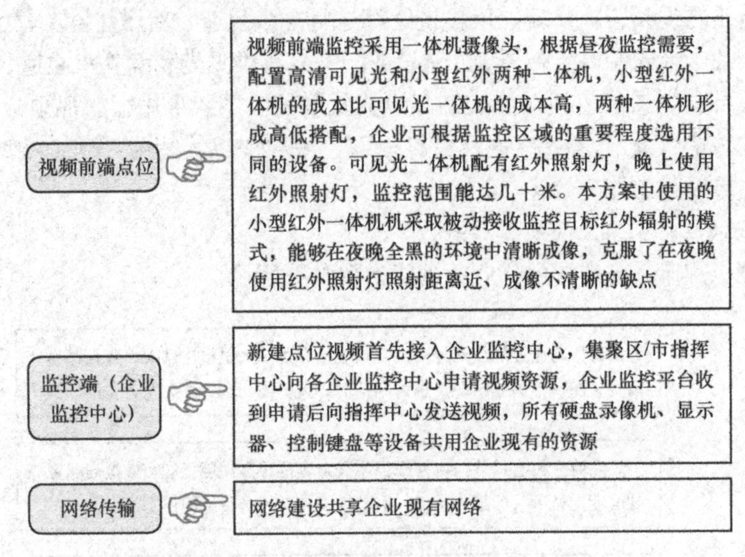

视频前端点位
视频前端监控采用一体机摄像头，根据昼夜监控需要，配置高清可见光和小型红外两种一体机，小型红外一体机的成本比可见光一体机的成本高，两种一体机形成高低搭配，企业可根据监控区域的重要程度选用不同的设备。可见光一体机配有红外照射灯，晚上使用红外照射灯，监控范围能达几十米。本方案中使用的小型红外一体机机采取被动接收监控目标红外辐射的模式，能够在夜晚全黑的环境中清晰成像，克服了在夜晚使用红外照射灯照射距离近、成像不清晰的缺点
监控端（企业监控中心）
新建点位视频首先接入企业监控中心，集聚区/市指挥中心向各企业监控中心申请视频资源，企业监控平台收到申请后向指挥中心发送视频，所有硬盘录像机、显示器、控制键盘等设备共用企业现有的资源
网络传输
网络建设共享企业现有网络

图5-10　企业视频前端监控模块的组成

（2）制高点视频监控模块

制高点视频监控模块包括前端监视子模块、显示控制子模块和通信传输子模块 3 个部分，如图 5-11 所示。

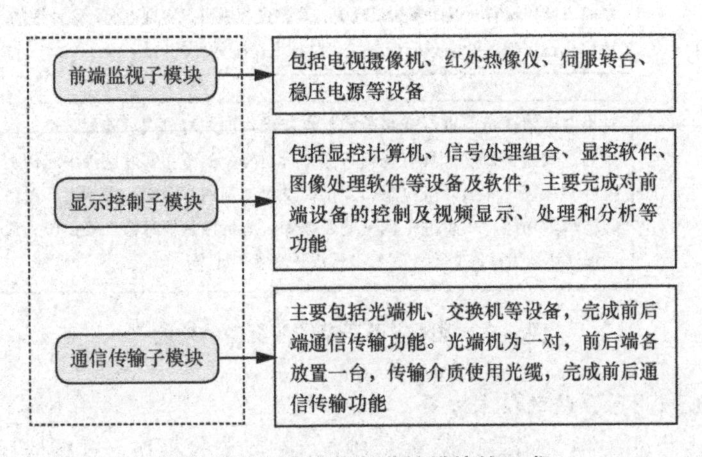

前端监视子模块
包括电视摄像机、红外热像仪、伺服转台、稳压电源等设备
显示控制子模块
包括显控计算机、信号处理组合、显控软件、图像处理软件等设备及软件，主要完成对前端设备的控制及视频显示、处理和分析等功能
通信传输子模块
主要包括光端机、交换机等设备，完成前后端通信传输功能。光端机为一对，前后端各放置一台，传输介质使用光缆，完成前后通信传输功能

图5-11　制高点视频监控模块的组成

（3）视频应用处理平台

视频应用处理平台由相应硬件及软件组成，硬件包括视频应用管理服务器等，软件包括视频综合应用管理软件等。视频综合应用管理软件运行于视频应用管理服务器之上，实现对各监控点位的远程管理及对视频的智能分析和处理功能。视频综合应用管理软件的功能模块如图 5-12 所示。

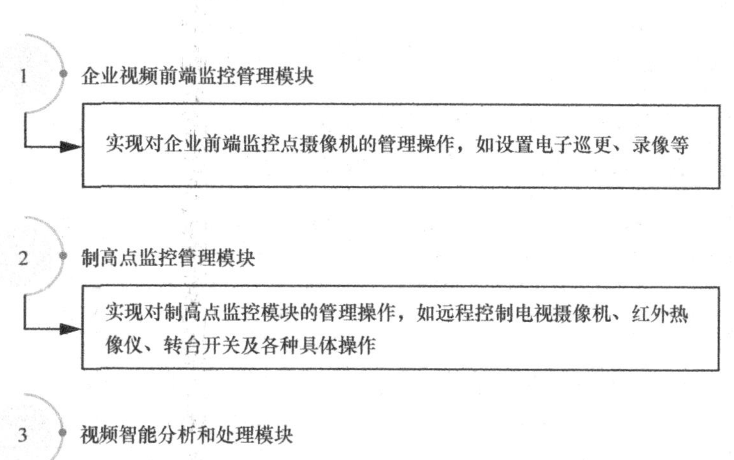

1
企业视频前端监控管理模块
实现对企业前端监控点摄像机的管理操作，如设置电子巡更、录像等
2
制高点监控管理模块
实现对制高点监控模块的管理操作，如远程控制电视摄像机、红外热像仪、转台开关及各种具体操作
3
视频智能分析和处理模块

① 具有火灾监控报警功能，能实时检测监控图像中出现的烟雾和火，并进行报警联动；

② 具有非法入侵检测功能，能够针对重点监控区域设定警戒区/警戒线，对进入的目标进行检测、自动跟踪及报警联动；

③ 具有人员拥挤判别功能，根据用户需求设定区域及拥挤程度值，通过判断设定区域中的人员目标的数量，判定检测区域中人员的拥挤程度，并根据拥挤程度报警；

④ 具有图像去雾增亮功能，可去除图像中的雾，增亮夜间低照度图像，解决雾天和夜间低照度监控图像不够清晰的问题；

⑤ 具有遗留物检测功能，当重点监控区域内有遗留物时，会自动检测、识别并报警；

⑥ 具有提取视频摘要功能，能够去除录像视频中静止、无效、冗余的信息，提取有效视频段，将长时间视频压缩成几分钟的视频摘要短片，供视频取证时使用；

⑦ 具有海量视频信息检索功能，能够根据有关目标特征和运动轨迹快速查找有关目标的视频信息源，为相关案件的办理提供线索和证据

图5-12 视频综合应用管理软件的功能模块

5.4.3 事故隐患排查治理子系统

事故隐患排查治理子系统可以帮助相关部门明确职责和定位，增强其监管手段，提高监管效率；可以助推企业落实责任制，充分调动企业的积极性，促使企业由被动接受监管变为主动排查治理隐患，主动加强安全生产，从而减少因安全生产隐患造成的事故。

1. 事故隐患排查治理子系统的业务功能

事故隐患排查治理子系统应具备的业务功能描述见表 5-5。

表5-5 事故隐患排查治理子系统应具备的业务功能描述

序号	业务功能	功能描述
1	企业基本信息管理	① 可对企业的基本信息、注册信息等进行管理； ② 各级应急管理部门对企业的注册信息进行审核； ③ 支持对企业基本信息的录入、修改、删除等操作
2	隐患信息上报	① 可将事故隐患信息按照一般隐患、重大隐患、打非治违信息分别录入，并对其登记建档； ② 可对隐患信息进行修改、删除、录入等操作
3	隐患治理	① 可将隐患整改情况录入存档，将隐患在整改前和整改后的照片上传到系统； ② 在隐患的整改日期即将到期时，系统会自动提醒，或以短信方式提醒企业负责人
4	隐患挂牌督办	① 各级应急管理部门对存在挂牌隐患的企业下发整改通知，并可实现通知书的录入、发送，电子档案的附件上传等功能； ② 企业可在线申请延期治理隐患
5	隐患复查	可查看隐患治理情况，包括：是否根据整改书进行整改；是否有治理后的照片；是否及时记录复查后的信息；复查后发现仍未整改的企业是否通知相关负责人等
6	隐患统计分析	对一般隐患和重大隐患的未整改、整改中、已整改、待复查、已复查等情况进行统计分析，并生成隐患统计报表，将整改结果和统计分析结果定期上报至各级应急管理部门

2. 事故隐患排查治理子系统的技术方案

事故隐患排查治理子系统为软件系统，由企业基本信息管理、隐患信息上报、隐患治理、隐患挂牌督办、隐患复查、隐患统计分析模块组成。各企业通过网络访问该系统，可执行隐患上报、隐患查询等操作。

各企业通过该系统记录一般隐患和重大隐患信息并定期上报，各级应急管理部门可及时掌握隐患排查治理情况，从而提高隐患排查工作效率，落实整改责任。

（1）企业基本信息管理模块

企业基本信息管理模块主要包括企业注册管理子模块和企业信息管理子模块，具体功能说明见表5-6。

表5-6 企业基本信息管理模块的功能说明

<table>
<tr><th colspan="2">子模块</th><th>功能说明</th></tr>
<tr><td colspan="2">企业注册管理</td><td>企业第一次使用事故隐患排查治理子系统，需要先注册企业的相关信息，注册完成后，相关部门需要对企业的注册信息进行审核，通过审核后，企业才可使用事故隐患排查治理子系统进行隐患的自查和自报</td></tr>
<tr><td rowspan="3">企业信息管理</td><td>企业信息维护管理</td><td>包括企业信息添加、修改和删除等功能</td></tr>
<tr><td>企业信息审核管理</td><td>企业第一次填写注册信息并提交后，上级主管部门对企业注册的信息进行审核，通过审核后企业的信息才有效。修改企业信息后，修改信息也需要进行审核方有效</td></tr>
<tr><td>企业历史信息管理</td><td>包括企业信息的查询，企业信息的添加、修改和删除及企业用户信息管理。各级应急管理部门可以查询企业的信息，可以根据企业的名称、地址和区域等不同条件进行查询</td></tr>
</table>

（2）隐患信息上报模块

根据事故的危险性以及事故影响的程度，隐患被分为一般隐患和重大隐患：一般隐患是指危害和整改难度较小，发现后能够立即整改排除的隐患；重大隐患是指危害和整改难度较大，应当全部或者局部停产停业，并经过一段时间整改治理方能排除的隐患，或者因外部因素影响致使生产经营单位自身难以排除的隐患。

隐患信息上报模块包括一般隐患上报管理子模块、重大隐患上报管理子模块和打非治违上报管理子模块，如图5-13所示。

一般隐患上报管理子模块

① 企业可根据存在的隐患情况在系统中录入相关信息，录入内容包括联系人、联系电话、隐患类别、隐患描述、完成整改日期等；相关部门局将执法检查过程中发现的安全隐患信息录入系统，包括单位名称、地址、法人代表及区域等信息；
② 企业将隐患信息按月上报至行业监管部门，行业监管部门按季度、年份将信息上报给应急管理部。应急管理部通过该系统查看企业一般隐患信息（隐患未治理列表、已治理列表），并可根据单位名称、区域、行业部门、年份进行隐患信息的查询

重大隐患上报管理子模块

① 各企业根据自查情况在系统中录入重大隐患信息，包括企业名称、隐患地址、隐患区域、联系人、联系电话、隐患基本情况、隐患类别、落实的治理目标、落实的治理物资、计划完成治理的时间、落实的治理经费、填报时间、填报人等信息，并将重大隐患上报至相关部门；
② 各级应急管理部门安全生产相关人员实时监管检查中发现的重大隐患，并可查看企业自身录入的重大隐患及治理方案和区域内存在重大隐患的企业列表，实现分类、分行业查询

打非治违上报管理子模块

① 根据国家要求，各级应急管理部门每年集中开展打击违法生产经营建设、治理纠正违规行为的专项行动；
② 可实现打非治违信息的添加、修改、删除、打印和上报等操作。打非治违处罚管理是维护专项检查中需要处罚的信息，功能包括修改、删除、查看、打印和上报

图5-13　隐患上报模块的组成

（3）隐患治理模块

隐患治理模块包括一般隐患治理子模块和重大隐患治理子模块，如图 5-14 所示。

一般隐患治理子模块：确认隐患后各企业相关负责人立即组织整改，并将整改责任人、整改内容、整改措施、完成整改日期等信息录入存档，将整改后的结果以照片附件的形式上传

重大隐患治理子模块：企业制订治理方案和相应的应急预案，上报至各级应急管理部门审批备案，并将企业负责人及其联系方式、隐患整治情况、完成整治时间、实际投入的资金、备注、填表人、填表日期等内容录入存档，各级应急管理部门对重大隐患信息的整改进度进行监管；支持治理后信息上报、图片上传等功能。隐患整改日期即将到期时，会自动提醒

图5-14　隐患治理模块的组成

（4）隐患挂牌督办模块

隐患挂牌督办模块包括隐患挂牌管理子模块、挂牌级别管理子模块，功能说明见表 5–7。

表5–7 隐患挂牌督办模块的功能说明

<table>
<tr><th colspan="2">子模块</th><th>功能说明</th></tr>
<tr><td colspan="2">隐患挂牌管理</td><td>对重大隐患进行挂牌管理，功能包括挂牌管理列表的刷新和查询管理；录入挂牌的企业和隐患的列表信息，包括企业名称、隐患编号、隐患地址、是否挂牌、联系人、联系电话等信息，并支持挂牌信息的录入、保存、刷新和返回操作；可按单位名称、年份、隐患地址、单位区域、行业部门和是否挂牌组成多种条件的组合查询，其中，隐患地址、单位名称可提供模糊查询</td></tr>
<tr><td rowspan="8">挂牌级别管理</td><td>发送通知书</td><td>可实现挂牌通知书在线信息填写、通知书保存和通知书邮件发送管理功能，其中，通知书信息中涉及的企业的相关数据需要自动带入通知书中</td></tr>
<tr><td>督办方案</td><td>可实现督办方案数据信息的添加、修改、删除和返回操作，督办方案的数据信息包括序号、文件名、上传时间、文件尺寸等</td></tr>
<tr><td>治理方案</td><td>对重大隐患治理过程、结果等信息的管理，可实现治理方案的添加、修改、删除、刷新和返回等操作</td></tr>
<tr><td>督办记录</td><td>对挂牌重大隐患治理过程中督办信息的管理，可实现督办记录的添加、修改、删除、刷新和返回等操作</td></tr>
<tr><td>企业延期申请</td><td>企业在挂牌重大隐患治理时间期限内不能完成治理时，可以向监管部门发起延期申请，功能包括添加、修改、打印和保存等</td></tr>
<tr><td>延期治理审批</td><td>在企业提交挂牌重大隐患治理延期申请后，监管部门对企业发起延期申请的材料进行审批管理，功能包括延期审批信息录入、保存、打印和返回功能</td></tr>
<tr><td>验收申请</td><td>企业完成挂牌重大隐患治理工作后，向监管部门申请验收，验收功能包括添加、修改、打印和返回</td></tr>
<tr><td>验收审批</td><td>企业发布验收申请后，监管部门对重大隐患治理的验收申请进行审批管理</td></tr>
</table>

（5）隐患复查模块

该模块可用于查看隐患治理的情况，内容包括是否根据整改书进行整改，是否有治理后的照片，复查后是否及时记录复查信息，复查后企业仍未整改的是否进行报告处理等。

一般隐患子模块整改完成后，企业相关负责人对其进行复查，复查通过后将隐患信息备案；如未通过则继续整改，并将整改结果定期上报至行业监管部门。

重大隐患子模块整改完成后，企业请相关的专家和具有相应资质的安全评估机构对重大隐患的治理情况进行评估，并在线向各级应急管理部门提出恢复生产的申请，经审查通过后，企业方可恢复生产经营。

（6）隐患统计分析模块

隐患统计分析模块通过建立全企业统一的动态的隐患排查相关数据的数据库，根据实时数据和历史数据生成隐患相关的统计图形，根据需求生成复合柱状图，通过数据统计分析隐患发生规律，及时发现新出现的问题以及频发的问题，变被动治理为主动防范。隐患统计分析模块的功能说明见表5-8。

表5-8　隐患统计分析模块的功能说明

子模块		功能说明
隐患信息统计		统计分析企业一般隐患和重大隐患的待整改、整改中、已整改、待复查、已复查等数量，也可统计分析各企业隐患整改率，按照相应的条件进行查询时会生成柱状图、饼状图、折线图等并支持显示、打印和导出功能
隐患统计报表	打非治违报表	提供打非治违入口，打非治违录入信息包括填报人、填报日期、行业分类、单位负责人、联系电话、非法建设已掌握、非法建设已取缔、正在打击等，录入信息后可形成打非治违报表，选中报表的数据可显示打非治违的信息，可提供导出、打印等功能
	危化等行业报表	提供危化等行业报表统计，分别统计各个行业的隐患信息，可提供导出、打印等功能
	季报汇总	提供季报汇总功能，每个行业主管部门根据所辖区域内企业隐患情况形成季报信息，可提供导出、打印等功能

5.4.4　安全生产信息管理子系统

随着信息时代的到来，知识和信息已经成为政府部门越来越重要的资源，积累知识、管理知识、有效地共享知识，对政府部门的建设意义非凡。

安全生产信息管理子系统一方面通过输入知识、更新知识、知识查询等功能，提升各级应急管理部门对危化品的种类、危化品处理流程规范以及安全生产的法律法规的学习能力，企业对安全生产技术标准、安全生产事故案例以及职业卫生评估报告进行学习的能力和群众对危化品日常防范和危化品辨识的能力；另一方面把安全生产信息形成安全生产知识库，通过公共信息平台，提供相关数据给其他业务应用系统使用，实现了安全生产信息的共享。

安全生产信息管理子系统的技术方案如下：运用计算机技术、网络技术和数据库技术，大规模地收集和整理与安全生产相关的信息，按照一定的方法对其进行分类保存，并提供相应的检索手段，方便信息的检索，形成安全生产知识库。

1. 管理安全生产信息

安全生产信息的管理包括录入管理、审核管理、搜索管理、数据管理等，具体功能如图 5-15 所示。

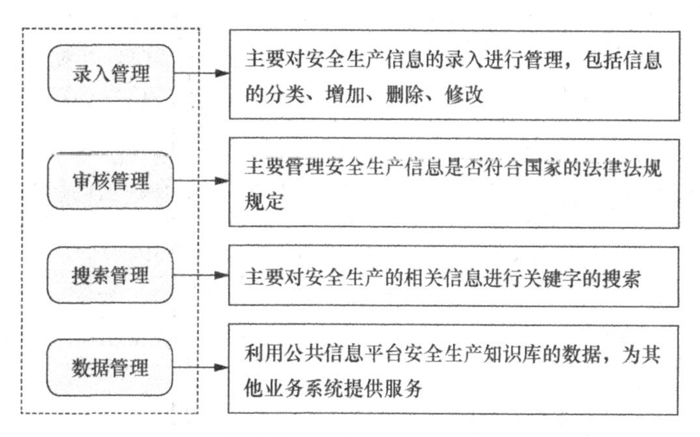

图5-15 安全生产信息管理子系统的组成和功能

2. 建立安全生产知识库

安全生产知识库模块分为危化品泄漏防范知识库、危化品辨识知识库、危化品处理流程规范库、危化品日常防范知识库、安全生产法律法规库、安全生产技术标准库、职业卫生评估报告库、安全生产事故案例库、安全生产标准化评审报告库 9 个子系统，具体功能说明见表 5-9。

表5-9 安全生产知识库模块的组成功能说明

序号	子模块	功能说明
1	危化品泄漏防范知识库	支持关于危化品泄漏防范知识的录入、编辑、删除、按条件检索；支持从相关业务平台同步危化品泄漏防范知识的数据信息，对不同性质的危化品防止泄漏知识进行分类管理，方便相关部门工作人员对危化品泄漏防范知识进行查询、浏览，为企业危化品的安全生产管理提供数据保障

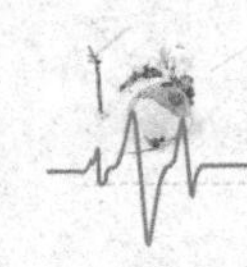

（续表）

序号	子模块	功能说明
2	危化品辨识知识库	支持关于危化品辨识知识的录入、编辑、删除、按条件检索；支持从相关业务平台同步关于危化品辨识知识的数据，根据危化品的颜色、性质、保存方法等特性进行知识库分类；不断健全危化品辨识知识库，方便相关部门工作人员对危化品辨别知识进行查询、浏览，为提高企业的危化品辨别能力提供可靠的依据
3	危化品处理流程规范库	系统支持关于危化品处理流程规范库的录入、编辑、删除、按条件检索；支持从相关业务平台同步关于危化品处理流程规范的数据，根据不同的危化品的处理流程的不同方法，进行合理的流程规范分类；通过健全危化品处理流程规范库，方便相关部门工作人员对危化品处理流程规范进行查询、浏览，为企业处理危化品的流程积累丰富的经验
4	危化品日常防范知识库	支持关于危化品日常防范知识库的录入、编辑、删除、按条件检索；支持从相关业务平台同步关于危化品日常防范知识的数据；通过健全危化品日常防范知识库，方便相关部门工作人员对危化品日常防范知识进行查询、浏览，提高了企业危化品日常防范意识
5	安全生产法律法规库	支持关于安全生产法律法规库的录入、编辑、删除、按条件检索；支持从相关业务平台同步关于安全生产法律法规的数据；相关部门工作人员通过安全生产法律法律库，对安全生产法律法规进行查询、学习，提高了安全生产意识
6	安全生产技术标准库	支持关于安全生产技术标准库的录入、编辑、删除、按条件检索；支持从相关业务平台同步关于安全生产技术标准的数据，建立安全生产技术标准，并将标准保存至安全生产技术标准库，从而方便相关部门工作人员对安全生产技术标准进行查询、浏览，为企业安全生产提供了数据保障
7	职业卫生评估报告库	支持关于职业卫生评估报告库的录入、编辑、删除、按条件检索；支持从相关业务平台同步关于职业卫生评估报告的数据；不断完善职业卫生评估报告库；相关部门工作人员对职业卫生评估报告库中的评估事例、评估模板进行查询、浏览和下载
8	安全生产事故案例库	支持关于安全生产事故案例库的录入、编辑、删除、按条件检索；支持从相关业务平台同步关于安全生产事故案例的数据；案例库中的事故案例可以作为企业工作人员的培训资料，以此达到降低企业安全生产事故率的目的
9	安全生产标准化评审报告库	支持关于安全生产标准化评审报告库的录入、编辑、删除、按条件检索；支持从相关业务平台同步关于安全生产标准化评审报告的数据；相关部门会定期对企业进行评审，并出具评审报告，将所有的评审报告存入标准化评审报告库，方便统一跟踪管理

3. 对系统进行管理

对系统进行管理也就是对相关部门管理人员、执法人员进行管理，子模块包括人员管理、角色管理、权限管理、日志管理等，具体功能如图 5-16 所示。

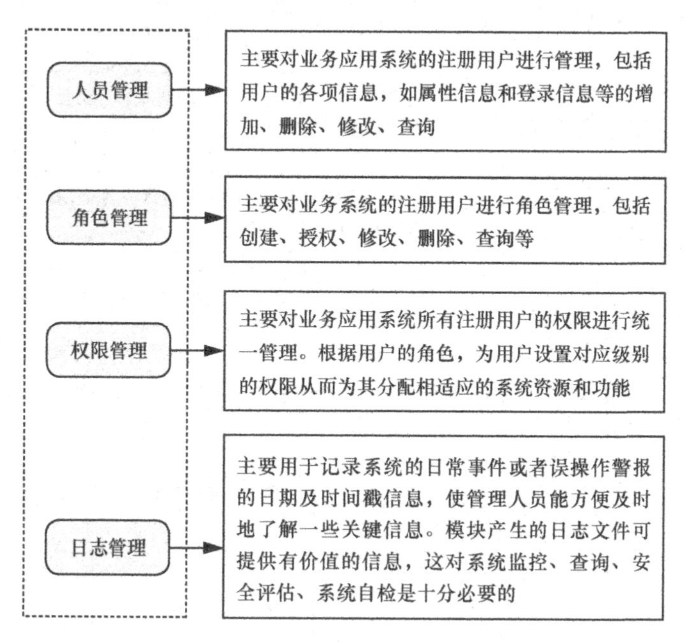

图5-16 系统管理模块的组成和功能

5.4.5 安全生产行政执法子系统

安全生产行政执法子系统是将空间网络技术、数据库技术、地理编码技术等应用到安全生产移动执法监管中，将任务派遣、案件取证、立案处理、权限审批、核查结案等环节有机结合起来，实现对聚集区各生产企业安全生产的执法监管的数字化系统。

1. 安全生产行政执法子系统的业务功能

安全生产行政执法子系统应具备的业务功能如图 5-17 所示。

2. 安全生产行政执法子系统的技术方案

安全生产行政执法子系统的建设内容主要分为 3 部分，即前端行政执法终端、行政执法前端软件和后端行政执法管理平台，如图 5-18 所示。

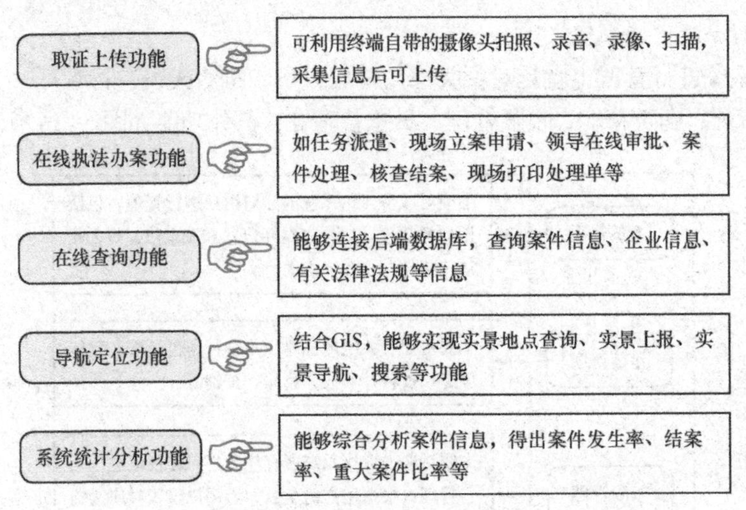

取证上传功能
可利用终端自带的摄像头拍照、录音、录像、扫描，采集信息后可上传
在线执法办案功能
如任务派遣、现场立案申请、领导在线审批、案件处理、核查结案、现场打印处理单等
在线查询功能
能够连接后端数据库，查询案件信息、企业信息、有关法律法规等信息
导航定位功能
结合GIS，能够实现实景地点查询、实景上报、实景导航、搜索等功能
系统统计分析功能
能够综合分析案件信息，得出案件发生率、结案率、重大案件比率等

图5-17　安全生产行政执法子系统应具备的业务功能

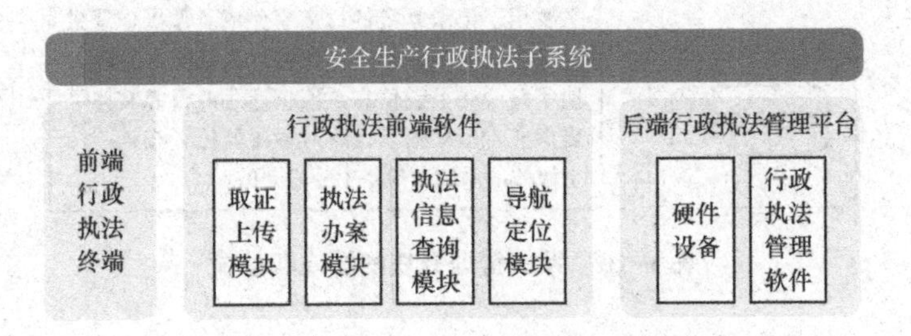

图5-18　安全生产行政执法子系统的架构

安全生产行政执法子系统的部署分为前端行政执法和后端执法业务管理。前端行政执法通过部署智能执法终端由执法人员进行执法作业。执法终端通过运营商网络接入互联网，再通过路由连接到政务外网，与后端服务器建立专门链路，实现前后网络通信连接，完成数据交换。

（1）前端行政执法终端

执法终端按照执法功能的不同分为两类：一类是在执法现场需要进行打印作业的智能执法一体机；另一类是在执法现场不需要进行打印作业的，可以是智能手机或便携式计算机等设备。

（2）行政执法前端软件

行政执法前端软件基于安卓 4.0 以上的软件开发，主要包括取证上传模块、执法办案模块、执法信息查询模块、导航定位模块、登录管理模块等，安装于执法终端中，具体功能说明见表 5-10。

表5-10 行政执法前端软件模块的功能说明

<table>
<tr><th>序号</th><th>模块名</th><th colspan="2">功能说明</th></tr>
<tr><td>1</td><td>取证上传模块</td><td colspan="2">主要完成案件信息的采集、上传，案件信息包括案发现场位置、图片、视频、语音、案件描述等数据信息，执法人员在完成取证后，即可将其保存到本机和上传到后端执法业务处理平台，为各级应急管理部门指挥中心提供案件信息，并且为日后案件处理保留证据</td></tr>
<tr><td rowspan="5">2</td><td rowspan="5">执法办案模块</td><td>任务接收</td><td>执法人员通过语音、在线通知或短信等方式获取执法任务信息，然后根据任务要求开展执法作业活动</td></tr>
<tr><td>立案申请</td><td>执法人员到达案件现场后获取案件信息并填写立案申请，单击“案件上报”，客户端软件自动生成立案流程并上报到各级应急管理部门执法业务处理中心等候处理</td></tr>
<tr><td>案件处理</td><td>执法人员根据案件性质处置现场，生成案件处理单并上报，客户端软件自动生成处理流程，执法人员可直观看到案件逐级审批处理的结果</td></tr>
<tr><td>领导审批</td><td>各处理流程根据处理权限自动推送给不同的领导审批，领导根据实际情况批示</td></tr>
<tr><td>现场打印处理单</td><td>执法一体机具有打印功能，使用热敏打印纸可现场打印出案件处理单，处理单具有数字水印及公章，一式两份，由涉案人员签字确认，一份给涉案人员，一份存档</td></tr>
<tr><td>3</td><td>执法信息查询模块</td><td colspan="2">相关人员单击信息查询图标，可连接执法业务信息数据库在线查询有关信息，查询方式可以设置为按关键字、日期、事件等方式查询。主要可查询的数据类型如下。
① 案件信息：可查询已立案的有关案件信息，如发生时间、地点、性质、涉案人员、企业及处理进程和处理结果。
② 企业信息：可查询企业的性质、规模、产品、监管重点等，尤其是产品中危化品的信息。
③ 法律法规信息：各级有关安全生产的法律法规条文</td></tr>
<tr><td>4</td><td>导航定位模块</td><td colspan="2">为现场执法人员提供导航定位功能支持。在执法人员单击相应功能图标后，软件自动启动终端全球定位系统并连接执法地理信息数据库实现有关服务，服务功能如下。
① 实景上报：结合GIS能够实现基于实景的案件信息上报。
② 实景定位导航及轨迹显示：可在GIS地图上实现定位导航及轨迹显示功能，为执法办案提供支持</td></tr>
<tr><td>5</td><td>登录管理模块</td><td colspan="2">执法人员使用执法终端进行执法作业时，在登录系统输入用户名及密码后，系统能对执法人员进行身份验证、执法权限自动分配和考勤管理</td></tr>
</table>

（3）后端行政执法管理平台

后端行政执法管理平台由硬件设备、行政执法管理软件组成。

硬件设备包括执法应用服务器、数据服务器、无线接入服务器等设备，统一放置于数据中心。行政执法管理软件宜采用J2EE构架进行模块化设计，以便于后续开发升级。行政执法管理软件模块的功能说明见表5-11。

表5-11 行政执法管理软件模块的功能说明

序号	模块名	功能说明
1	执法业务管理模块	将执法业务进行整合，为前端执法终端提供业务数据接口并进行数据处理，实现办公自动化流程，将审核立案、任务派遣、案件处理、处理反馈、核查结案等环节关联起来，实现监管中心和现场执法人员之间的信息同步、协同工作和协同督办等功能。 ① 审核立案：审核前端执法人员的立案申请，审核后进行立案处理，形成案件处理流程。 ② 任务派遣：分析前端执法人员上传的取证信息，制订有关任务，通过语音调度、在线发布等方式通知相关人员执行。 ③ 案件处理：立案后生成案件处理流程，流程被自动推送到有关部门审批。案件处理类型分为现场处置和非现场处置两类。有的案件相对简单，领导审批后，执法人员可在现场进行处置，有的案件涉及面较广，需要多部门协调后再进行后续处理。 ④ 处理反馈：执法人员或有关部门处理后反馈处理结果，让管理人员及时了解案件的处理进展。 ⑤ 核查结案：管理人员对案件处理结果进行核查、复核，没有问题则进行结案处理，案件存档
2	访问控制管理模块	① 执法人员登录管理：为前端执法人员分配账号及密码，并提供接入认证及相关授权，保证正常执法作业及系统网络安全。 ② 执法权限分配：针对不同的执法人员分配不同的执法权限。 ③ 日志管理：自动记录前端各执法终端及后端操作人员的行为活动，供日后查询。 ④ 系统维护：实时监控前端执法终端状态及后端执法业务管理平台的运行状况，针对突发情况进行相关应急处理
3	执法业务信息数据库模块	针对执法办案中执法人员需要查询的信息建立数据库，提供在线查询和检索。信息数据库的内容包括企业信息数据、法律法规数据、地理信息数据等
4	统计分析模块	综合统计某时间段内的各类案件信息，并进行分析，得出有关结论，如案件发生率、结案率、重大案件比率等。各类统计结果都可按照不同条件（当天、本周、本月）显示，分析结果可在屏幕上直接显示或打印，还可以通过统计表和统计图两种方式展示

5.4.6 安监指数应用子系统

1. 安监指数应用子系统的业务功能

安监指数应用子系统应具备的业务功能如图 5-19 所示。

1 通过对公共信息平台安全生产的海量数据进行大数据分析，形成科学有价值的指数结论，把握城市安全生产的态势，并对宏观态势进行直观生动的展示（二维GIS、三维GIS）

2 分析指数波动的变化：一是智能化地分析出指数波动的原因，查找导致指数变化的事件；二是能够有针对性地提出应对策略

3 为各级应急管理部门提供准确全面的数据指导，实现对其工作的考核和指导，协助优化日常管理工作

图5-19 安监指数应用子系统的业务功能

2. 安监指数应用子系统的技术方案

从建设内容上看，安监指数应用子系统包含信息接入、指数模型、指数多维展示、指数应用、辅助决策、指数管理等模块。该系统通常部署于指挥中心。相关人员在安监指数应用子系统中，通过查阅辖区内的安监事件的统计数据和指数信息，可对安监事件进行分析和预判。

（1）信息接入模块

信息接入模块主要实现和安监指数相关的业务信息采集，建立安监指数应用子系统与公共信息平台之间的信息采集接口，实现信息的分类采集和数据交换，为后续指数模型模块的计算提供充实的数据基础。公共信息平台接入综合监管、视频应用、行政执法、隐患排查等数据，信息接入模块将数据抽取至指标库进行清洗、转换、加载等。海量信息的范围如图 5-20 所示。

从技术层面上讲，信息接入模块包括数据抽取、数据映射、数据转换、数据检查、数据加载、异常控制、作业管理、数据更新等环节，见表 5-12。

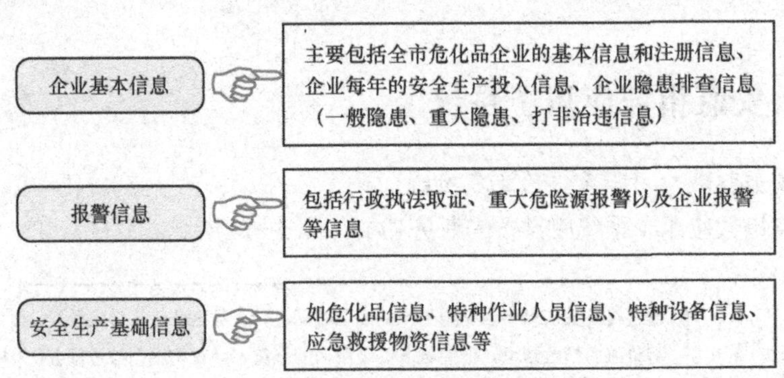

图5-20　海量信息的范围

表5-12　信息接入模块的环节及其说明

序号	环节	说明
1	数据抽取	包括抽取管理类、服务类、应急类、防控类4类信息。这4类信息的抽取主要通过与公共信息平台建立接口获得
2	数据映射	模块用源数据进行指数计算时，数据的格式和定义都有不同程度的变化，因此在数据整合过程中通过数据映射方式转换。数据映射主要定义数据结构、数据定义方面的映射关系
3	数据转换	包括格式和类型转换、代码表翻译、数据匹配、数据聚合以及其他复杂计算等。在多数情况下，数据源与安监指数平台之间的转换是格式转换、代码表翻译、数据匹配
4	数据检查	支持接口文件检查，包括文件名、记录数、实体完整性等；支持接口数据检查，包括数据类型、实体完整性等
5	数据加载	将抽取转换后的数据加载到资源群中，包括数据行加载和数据块加载。在综合考虑效率和业务实现等因素的基础上确定数据加载周期和数据追加策略
6	异常控制	对检测到的异常数据进行相关操作。包括将异常数据生成文件，将异常文件写入临时数据库等；通过计数／统计数平衡等评估数据复制等的具体情况，以发现数据整合过程中有关数据的问题
7	作业管理	主要包括初始化作业、日常作业、日常复制作业、异常处理作业等，同时要求对并发作业、高负载作业有良好的管理。对于基于资源库的某些特定应用，如数据质量检查和稽核，应该考虑采用统一的作业控制工具进行作业调度和管理
8	数据更新	安监指数应用子系统建设需要整合的源系统比较多，其中，系统架构、数据提供能力以及提供的源数据的使用要求各有不同，因此在数据更新功能方面需要提供灵活的配置能力，以提高数据整合的效率和便利性

（2）指数模型模块

安监指数应用子系统通过完善和整合相关数据库，建立以企业为核心的“资源树”；通过分类、关联、聚类等算法，定位出企业、行业和安全生产的相关性，从而给出相应的指数模型。工作人员通过安监指数应用子系统接入数据分析出的内容如图 5-21 所示。

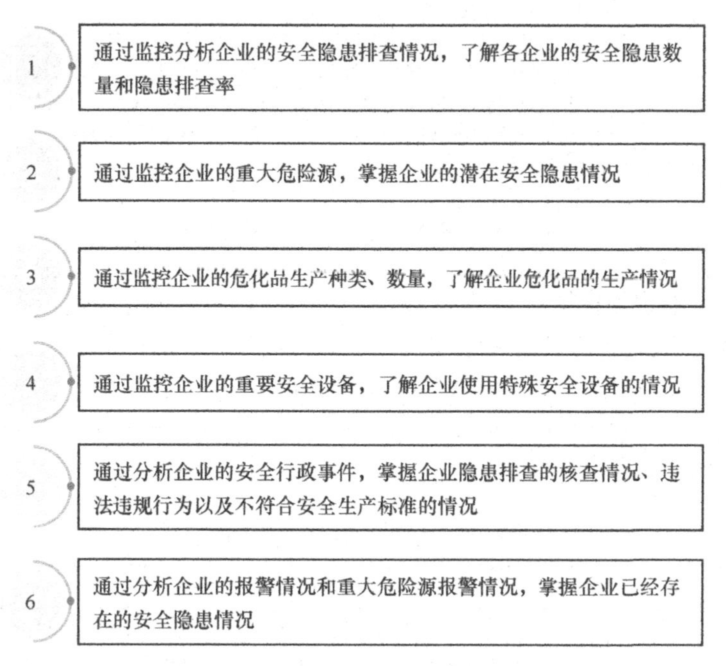

图5-21 通过接入数据分析出的内容

通过对接入的数据进行分析，相关机构和人员可以给企业画像，将企业分成高危企业、中危企业、低危企业，并对高危企业进行重点监控；还可为高危企业、中危企业、低危企业设定不同的预警阈值；通过分类、关联、聚类等算法，定位出企业、行业和安全生产的相关性，按照行业的划分，查看安全生产情况的态势，预测或预警同比和环比的变化，给各行业的安监情况打分形成行业安监指数；按照地域的划分，查看安全生产情况的态势，预测或预警同比和环比的变化，给各地区的安监情况打分形成地区安监指数。

（3）指数多维展示模块

指数多维展示模块通过传统的数据集成、数据分析、决策制订以及决策实施等技术，结合大数据挖掘分析技术，可实现图 5-22 所示的具体功能。

1 实现基础分析、结构分析、竞赛分析、应用分析、多维分析等多样化数据分析功能

2 实现区域安监态势量化指标实时动态展示与指导

3 实现区域安全、安监态势以及业务事项变化趋势的感知和展示，同时分析和展示指数变化的原因

4 将安监指数信息发布到终端；将系统采集到的数据通过不同的方式和方法进行实时展现/分析，形式包括四象限分析图、饼状分析图、柱状分析图、斜率分析图、散点分析图、综合分析图、二维GIS图、三维GIS图、自定义统计图

图5-22　指数多维展示模块的功能说明

（4）指数应用模块

指数应用模块具有13种功能，分别是指数状态监测、指数分类分析、指数时段分析、指数结构分析、指数组织分析、指数对比分析、指数综合分析、指数区域分析、指数波动分析、指数相关性分析、指数假设条件分析、指数异常提醒、指数异常原因分析，具体说明见表5-13。

表5-13　指数应用模块的功能说明

序号	功能	说明
1	指数状态监测	实现对指数运行状态实时监测的功能。某些实时性较强的指标变化频率比较快，需要通过后台的服务软件进行监控。当指标值发生变化进而影响指数波动时，系统能够及时探测到异常变化，进而与其他子系统通信，实现后续的预警等功能。指数状态监测主要包括以下功能。 ① 分类列表：通过用户界面直观展示该登录用户所关心的各项指数信息的分类列表，展示当前各项指数信息及与上一时段的对比增量，列表中各列的数据可以根据需求重新定义。 ② 指数波形：通过折线图展示某指数数据的时段变化波形，直观展示指数数据的发展走势。 ③ 峰值高亮：在指数波形图上对当前时段内的指数的最高、最低值进行高亮显示，并标明数据值。 ④ 对比波形：在同一时间轴上展示多个指数的波形信息，直观展示各指数在波形变化上的相似度或关联关系。 ⑤ 基数线：以基数线作为指数波形坐标图的横轴，标明其基数线的数值，单击基数线可以查看基数生成的依据。 ⑥ 历史峰值：在波形图上与横轴平行绘制两条历史峰值线，标明该指数的历史最高和最低值。 ⑦ 阈值区间：在波形图上与横轴平行绘制两条直线，标明该指数监控的阈值范围，对于超出阈值区间的折线应用以高亮颜色绘制

（续表）

序号	功能	说明
2	指数分类分析	分析与安监相关的各类案件和事件的属性，评判同类基准值和各类参数的权重，得出指数分类数据
3	指数时段分析	分析各类数据的年、月、周、日或任意设定的时段，得出该时段内的安监指数数据
4	指数结构分析	详细分析指数的构成
5	指数组织分析	详细分析市、聚集区、各企业的各类数据
6	指数对比分析	分析同一类型、不同时段的数据，或同一时段、不同类型的数据，得出相关的指数数据
7	指数综合分析	通过记分卡综合分析各类数据的指数，从整体上得出城市的安监综合指数数据
8	指数区域分析	分析行政区划某项数据，得出指数数据
9	指数波动分析	分析指数波形变化的原因，在出现波峰或波谷时分析引起波形变化的主要原因
10	指标相关性分析	分析两个以上指数的关联关系
11	指数假设条件分析	分析各种不确定因素发生变化时对指数的影响
12	指数异常提醒	在指标上设置警戒点，达到阈值时自动提醒
13	指数异常原因分析	通过指数来分析异常原因

（5）辅助决策模块

辅助决策模块能够根据指数异常状况或指数走势，结合行动方案库的支持，为安监管理工作的合理化运行提供建议。辅助决策模块包括议题分析、预警追踪、预警触发、预警发布、行动方案管理、行动方案触发、行动方案推荐等功能，具体说明如图 5-23 所示。

行动方案实施后的数据反馈功能如图 5-24 所示。

议题分析：主要实现指数所依托的某一方面指标（如报警类）的切面分析

预警追踪：每一类指标，通过设置预警的阈值来维护预警的级别；查看及维护指标依据目标值所产生的预警信息（未达标、达标、优秀、卓越等）的展现依据；系统提供红色、黄色、绿色、橙色4种预警等级展现

预警触发：到达阈值自动触发预警

预警发布：可通过多种途径提示用户，如界面显示、短信、邮件等

行动方案管理：管理各种状态的行动方案，以便了解处理的进展

行动方案触发：可以事先在系统中维护行动方案库，出现指标预警时，选择适合的行动方案，为该行动方案分配人员、资金，发布时间计划，在执行期间或完成后反馈处理结果

行动方案推荐：在预警触发后，相关责任人必须及时采取各项措施，可以从行动方案知识库中选取合适的方案或另行制订各项具体工作计划

图5-23　辅助决策模块的功能

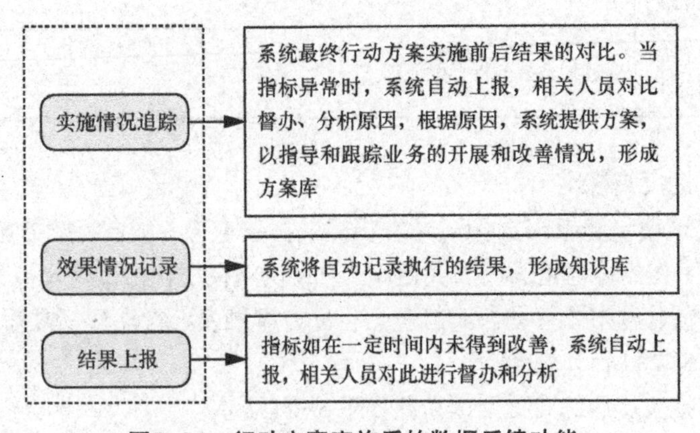

图5-24　行动方案实施后的数据反馈功能

(6)指数管理模块

指数管理模块具有13种功能,分别是组织管理、指标体系管理、指标分配管理、指标特性管理、指标评价区间管理、指标颗粒度管理、指标统计频度管理、指标报告频度管理、指标计分方法管理、平衡计分卡管理、指标权重管理、指标预警阈值管理、指标预警规则设定,各功能的说明见表5-14。

表5-14 指数管理模块的功能说明

序号	功能	说明
1	组织管理	实现对系统内各级组织信息的管理。在系统内部,组织管理以树状的形式体现,用户可随时对组织树进行管理和维护。在安监指数应用子系统中,组织可按照市、集聚区、乡镇、街道等级别划分
2	指标体系管理	同组织管理一样,指标体系同样也按照树的形式组建。首先是一级指标类,然后是二级指标类,最后是具体指标类。安监系统中可包含多个指标分类,如地区安全生产情况、人口情况、环境情况、治安情况、卫生情况、交通情况、企业运行状态等
3	指标分配管理	在系统中,不同的指标项有不同的特征。有些指标偏重宏观,有些指标偏重微观,指标会根据自身的特征被分配给相应的组织。本功能主要实现不同指标与组织的映射关系。用户能够随时维护组织所包含的指标,同时也能够将指标纳入对应组织的安监指数考评中
4	指标特性管理	在指标体系建设的子系统中,最重要的工作成果就是产生用于衡量绩效完成状况的关键绩效指标。建立指标库的意义不仅是信息的查找,更重要的是信息的沟通
5	指标评价区间管理	管理指标评价结果的类型与范围,包括连续型评价区间和离散型评价区间:连续型评价区间表示的是一段连续的数值型区间值;离散型评价区间表示的是定性类的区间,如“好”“中”“差”等评价等级
6	指标颗粒度管理	颗粒度是指指标对应的数据采集的内容的颗粒度,包括时间和地域两个层面:在时间层面,颗粒度主要体现在指标所代表的数据是在多长时间段内的数据,可能的时间颗粒度包括实时、日、周、月、季度、年等;在地域层面,颗粒度主要体现在指标所代表的数据是在多大范围内的数据,可能的地域颗粒度包括街道、乡镇、区域、市等。用户可对每一个指标的颗粒度进行配置,为后续的指标计算打下基础
7	指标统计频度管理	指标统计频度是进行统计分析时的时间颗粒度;指标的统计周期是指给该指标计算得分的周期,而统计频度是对指标进行分析时使用的时间颗粒度

（续表）

序号	功能	说明
8	指标报告频度管理	指标进行汇总上报的周期长度，用户可随时修改报告频度，修改后的频度在下一个汇总上报周期生效
9	指标计分方法管理	指标计分的主要目的是将指标的实际完成状况转换为分值，例如，人均收入指标的目标值为10万元，实际完成了9.8万元，那么该指标的得分可能是95分。指标的计分方法与权重、目标值的设定结合在一起，最终生成一张计分卡的总得分。有了该分值，首先可以对该计分卡上的内容的完成情况进行综合评分，其次可以在不同的组织之间进行比较，因为不同的组织负责的指标不一致，不能通过指标直接进行对比，必须要转换成通用的分数“语言”才具有可比性
10	平衡计分卡管理	各计分卡上的信息，包括指标与权重等都需要事先维护，在数据抽取时根据设定信息计算安监计分卡的得分
11	指标权重管理	安监指数指标权重的设置对后续安监指数的计算具有重要的意义：一是通过设置指标的权重，计算得出一个总体得分，便于以统一的口径综合评价安监发展程度；二是权重的大小，以数字形式体现了关注的重点，而不是个人随意猜测。一般操作时，系统支持主观经验法和权重因子法两种方法
12	指标预警阈值管理	主要实现各类指标的临界值的设定，具体包括以下几项功能：对于单个指标，能够维护临界点的数量；对于每一个临界点，可设置临界点的数值；临界点数据与等级实现对应
13	指标预警规则设定	当指标的数值达到预警临界值时，触发预警的方式有多种，包括直接以预警信号的方式触发，将该项的评分直接置为0，或改变该项的评分系数等。用户可根据指标的实际意义配置预警的触发方式

5.5 安监宣传教育系统

5.5.1 培训考核子系统

培训考核子系统是为加快安全生产教育培训信息化建设，提高安全生产相关人员的安全素质，为培训人员、组织者（培训机构、企业）、考核机构（监管机构）建设的集安全生产培训、考核、监管为一体的软件系统。该系统以规范培训考核的报名、培训管理、考核发证、证书查询等工作流程为基础，实现安全生产培训考核、发证工作的科学化、标准化，不断提高安全生产的管理水平和工作效率。

1. 培训考核子系统的业务功能

培训考核子系统可实现的具体功能见表5-15。

表5-15　培训考核子系统可实现的功能

序号	用户	功能
1	培训人员	① 可在线进行培训报名； ② 能对安全生产相关课件、课程进行远程学习； ③ 可在网上进行从业资格、上岗持证等相关考试的模拟练习、模拟考试； ④ 能在线查询成绩及证书
2	企业/培训机构	① 对培训人员进行报名信息采集、资格初审，帮培训人员代录入报名信息并对其报名信息发出更正申请； ② 可安排培训计划，实现课件和课程的上传、修改等； ③ 能批量查询成绩及证书
3	监管机构	① 进行培训人员报名资格复查、培训计划审批； ② 能进行系统考试申请审批，发布考试安排、考试通知等； ③ 获取培训人员考试信息（成绩、工种等）后审核发证，对培训人员提出的补证申请，经审批后再发证； ④ 能统计分析考试培训和考核相关的数据信息

2. 培训考核子系统的技术方案

从建设内容上看，培训考核子系统为软件系统，包含报名管理模块、培训计划管理模块、课件课程管理模块、题库管理模块、考核综合管理模块、证书管理模块、统计分析模块、辅助管理模块。系统部署于数据中心，可实现报名、培训计划管理、题库建设、模拟考试、证书管理等安全生产培训考核的网络化、信息化，从而使监管机构的监管工作更加便捷高效。

在培训考核中，具备安全培训条件的生产经营企业，应当以企业自主培训为主，可以委托具有相应资质的安全培训机构，对从业人员进行安全培训；不具备安全培训条件的生产经营企业，应当委托具有相应资质的安全培训机构，对从业人员进行安全培训。

培训考核子系统的组成模块如图 5-25 所示。

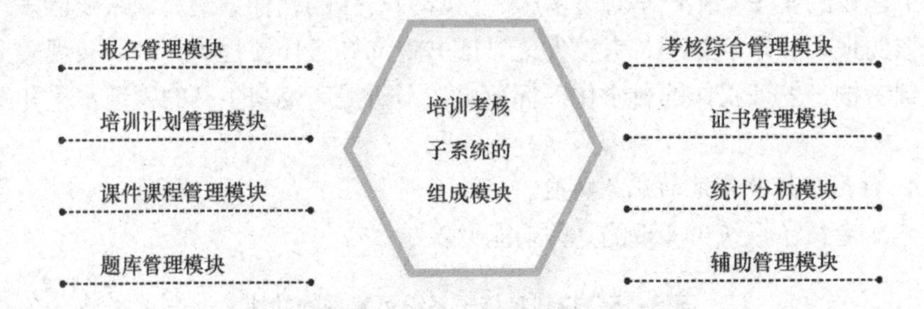

图5-25　培训考核子系统的组成模块

（1）报名管理模块

培训人员通过填写注册信息（姓名、身份证、工种、操作项目、工作单位等），实现在线注册。培训人员填写报名信息后需要通过企业或培训机构的审核，审核未通过，企业或培训机构退回报名信息。该模块提供企业或培训机构对培训人员的报名代录入功能。

（2）培训计划管理模块

企业或培训机构根据报名情况制订培训计划后，提交监管机构审核，监管机构通过待办计划审批，审核培训计划，审核未通过将计划退回企业或培训机构，并告之审核未通过的原因。该模块提供企业或培训机构在线填报和管理培训计划的功能。监管机构审批企业或培训机构提交的培训计划申请。

（3）课件课程管理模块

企业或培训机构收到培训计划审批通过的通知后，应在培训开始前组织相关培训讲师完成课件、课程等相关培训内容的制作；培训讲师制作完培训内容后提交申请，审批人员负责审批培训内容。

企业或培训机构能通过该模块提供单个课件的添加、管理功能，课件主要包括名称、学分、学时、分类、课件类型（支持 FLV、MP3、Word、PPT 等格式）。该模块还提供课程的添加、编辑、管理等功能，课程包括名称、分类、学分、学时、讲师、进修选项（必修、选修）、课程通过条件（达到学时、通过考试、讲师评定等）。

（4）题库管理模块

题库管理模块允许各培训机构的相关权限管理人员进入题库管理界面对系统中的相关培训试题进行各种管理操作，这些管理操作包括子科目管理、试题管理，并提供添加题库、题库管理、导入模拟试题、题库参数设置等功能。该模块支持格式化文档导入试题或手动录入试题的方式，入库的试题应带有多维分类信息，如专业类型、题型、难易度等，新录入或导入的试题必须经过复查才能生效，复查过程是一个对试题合理性和正确性进行校验的过程。

模拟题库的建设可为学员提供系统的模拟考试管理。针对不同类型的试题，学员可选择配置试题属于何种类型，类型包括选择题、判断题等。

（5）考核综合管理模块

培训人员完成培训后，企业或培训机构录入管理培训考核合格人员名单，并将名单上报给监管机构的相关人员。

对不需要进行考试的课程，监管机构将合格人员信息提交给证书管理人员，由其进行培训审核、管理工作。对需要进行考试的课程，该模块提供如图 5-26 所示的功能。

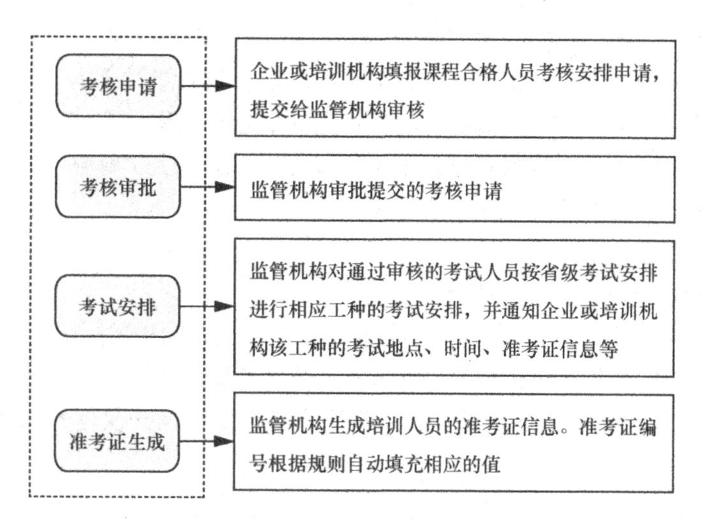

图5-26　考核综合管理模块对需要进行考试的课程提供的功能

企业或培训机构根据考试安排，组织培训人员准备好相关证件、材料，组织其按时间和考试地点参加考试。

（6）证书管理模块

培训人员参加考试后，考试点将各培训人员的考试成绩提交给监管机构，监管机构审核和确认每位学员的成果。

该模块支持批量导入证件信息，提供证件查询功能，并提供统计、定期检查到期证件、证件编辑制作等功能，如图 5-27 所示。

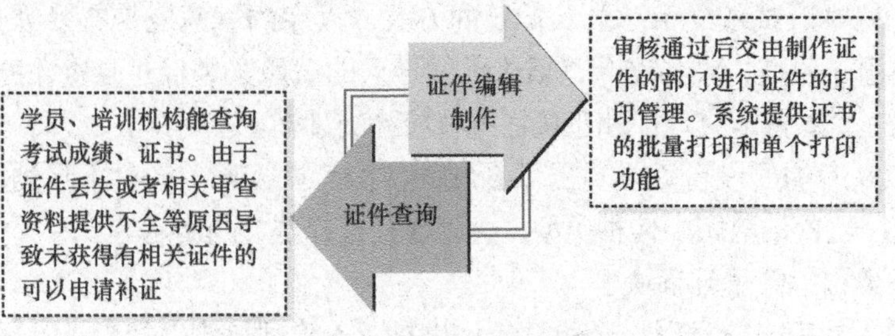

证件编辑
制作
审核通过后交由制作证件的部门进行证件的打印管理。系统提供证书的批量打印和单个打印功能
学员、培训机构能查询考试成绩、证书。由于证件丢失或者相关审查资料提供不全等原因导致未获得有相关证件的可以申请补证
证件查询

图5-27　证书管理模块的功能说明

（7）统计分析模块

统计分为班级数统计、年度统计、综合统计等：班级数统计按开班日期统计每个时期的班级数量；年度统计按年度统计每个安全生产培训机构的持证人员培训考核情况；综合统计按多个条件统计考试日期、培训机构、属地、工种、培训项目、培训性质、培训人数、合格人数、合格率等。培训机构能对所培训人员的相关信息进行统计、查询，企业对参加培训的员工的信息进行统计查询，各级应急管理部门能对所有培训人员的信息进行统计、查询，从宏观上了解整个辖区人员的培训效果、持证情况、考试通过率等信息。

（8）辅助管理模块

辅助管理模块具有以下两种功能。

系统公告：通过公告功能向所有培训人员发布最新的相关法律法规等。

系统提醒：每位登录系统的操作人员，系统都默认展示当前用户的待办事项提醒，根据时间紧迫性提供深浅颜色着重、着轻提醒，确保信息的及时传递和处理。

5.5.2　安全宣传子系统

安全宣传子系统是将不同的安全信息发布渠道整合到一起并集中管理的信息发布系统，支持网站、手机终端、户外大屏等方式显示。安全宣传子系统是各级应急管理部门信息化建设中的重要组成部分，它通过搭建安全宣传网站和移动应用平台，以安全生产知识、先进人物事迹、法律法规、安全生产等信息的发布、宣传来提高安全从业人员、企事业单位员工以及公众的安全生产意识。

安全宣传子系统的用户包括各级应急管理部门宣传工作人员、安全生产从业人员、宣传资料制作人员、系统管理人员以及公众：各级应急管理部门宣传工作人员负责安全生产新闻事迹、政务公开材料等信息的采集、发布工作，以及对法律法规、危化品信息、企业诚信等信息的维护及与公众的在线交流等；安全生产从业人员则进行信息查询、资料下载、互动交流等工作；宣传资料制作人员主要负责节目的编辑、制作和宣传工作；系统管理人员负责管理和维护系统后台软件的各项功能；公众是安全宣传子系统的主要用户，能进行安全生产相关信息的浏览和查询。

1. 安全宣传子系统的业务功能

安全宣传子系统应实现的业务功能说明见表5-16。

表5-16 安全宣传子系统的业务功能说明

序号	功能	说明
1	安全宣传信息制作功能	① 能对政务公开、安全宣传、公告等信息进行收集并统一管理，为宣传信息生成采集原始素材； ② 支持所见即所得、自定义可视化节目的制作方式，使宣传资料制作人员能随意组合视频、图片、FLASH、PPT等信息，快捷生成宣传资料； ③ 宣传资料制作人员能通过丰富的宣传素材、模板，简化宣传资料制作流程
2	安全生产信息发布、宣传功能	① 各级应急管理部门对安全生产新闻、事故、宣传动态等进行及时展示、发布，并提供丰富的宣传内容和展示方式； ② 支持多种安全生产信息展示终端，包括网站、大屏和移动终端等
3	查询搜索功能	① 为安全从业人员提供法律法规、危化品、烟花爆竹等专业安全生产知识搜索、查询功能； ② 对公众进行危化品、非煤矿山、烟花爆竹等安全知识的普及，提供对安全生产先进事迹、事故预防等资料的查询、学习功能； ③ 能为安全从业人员、公众等访问人员提供安全生产关键词模糊搜索、高级复合信息查询功能，支持查询安全生产的早期新闻、学习资料、通知公告等

2. 安全宣传子系统的技术方案

从建设内容上看，安全宣传子系统是基于浏览器/服务器（Browser/Server，B/S）架构的软件系统，包括宣传内容管理模块、宣传终端管理模块、发布引擎管理模块、宣传节目管理模块、统计分析管理模块、数据接口管理模块等模块。

该系统部署于数据中心，各级应急管理部门对安全生产宣传资料、危化品/诚信等行业的资料、法律法规等信息进行发布，安全生产从业人员、公众浏览和查看相关信息。安全宣传子系统可帮助企业扩大线上的宣传渠道，提高安全生产的宣传效果。

（1）宣传内容管理模块

宣传内容管理模块包括政务公开信息管理、安监宣传信息管理、安监公告信息管理及信息查询检索4个子模块，如图5-28所示。

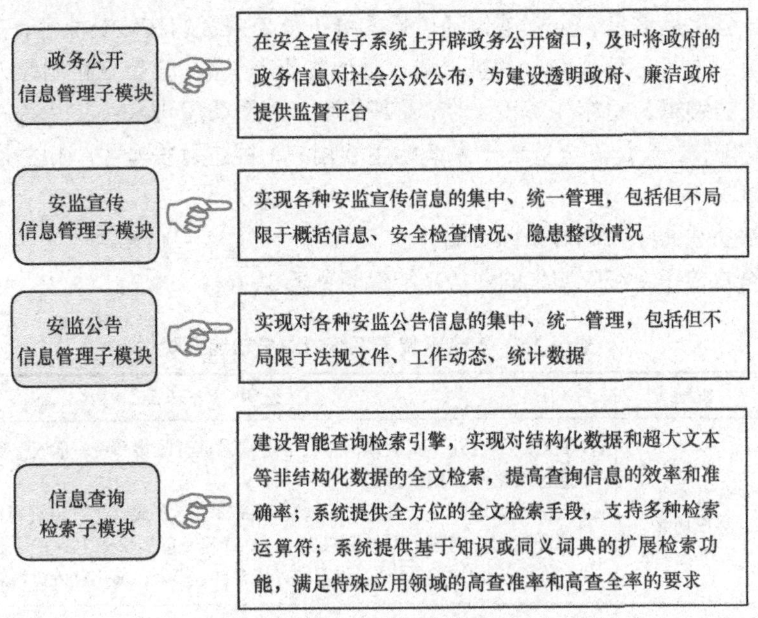

政务公开
信息管理子模块
在安全宣传子系统上开辟政务公开窗口，及时将政府的政务信息对社会公众公布，为建设透明政府、廉洁政府提供监督平台
安监宣传
信息管理子模块
实现各种安监宣传信息的集中、统一管理，包括但不局限于概括信息、安全检查情况、隐患整改情况
安监公告
信息管理子模块
实现对各种安监公告信息的集中、统一管理，包括但不局限于法规文件、工作动态、统计数据
信息查询
检索子模块
建设智能查询检索引擎，实现对结构化数据和超大文本等非结构化数据的全文检索，提高查询信息的效率和准确率；系统提供全方位的全文检索手段，支持多种检索运算符；系统提供基于知识或同义词典的扩展检索功能，满足特殊应用领域的高查准率和高查全率的要求

图5-28　宣传内容管理模块的组成

（2）宣传终端管理模块

宣传终端管理模块支持多种终端，如网站、移动终端、大屏等的信息展示形式，功能涵盖安监政务公开信息接口、安监宣传信息接口、安监信息公告接口、安监信息推送、网站宣传展示、移动终端宣传展示和大屏宣传展示等。

宣传终端管理模块利用多种无线接入技术，为整个安全宣传子系统提供随时、随地、随需的无线网络接入，并建设与政府工作、企业运行、群众生活密切相关的丰富的无线信息化应用，通过网站、移动终端、大屏等多种显示终端，为市民、企业、外来访客和旅游者、政府机构提供安全、方便、快捷、高效的安全宣传服务。

（3）发布引擎管理模块

发布引擎是安全宣传信息发布的核心，整合了多种发布渠道的多种信息传输协议，以统一的方式支持网站和移动终端等发布渠道的信息发布。发布引擎管理模块包括发布渠道配置管理服务、移动终端接口服务、大屏接口服务、网站接口服务、信息传输服务等子模块，如图 5-29 所示。

（4）宣传节目管理模块

宣传节目管理模块包括节目模板制作子模块、节目素材管理子模块、节目播放管理子模块、节目审批管理子模块等，如图 5-30 所示。

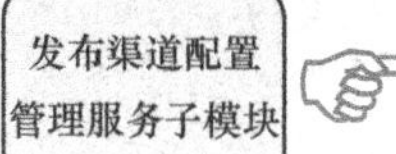

发布渠道配置管理服务子模块

在安全宣传子系统与其他应用系统间起到了桥梁的作用，它直接屏蔽了信息发布的底层细节，使得发布信息变得更加便捷。当用户发布信息时，无须过多关注发布渠道的配置参数设置，可更多地关注发布的内容本身，分发渠道进行配置管理服务会自动处理复杂的渠道配置过程

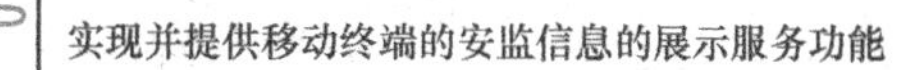

移动终端接口服务子模块

实现并提供移动终端的安监信息的展示服务功能

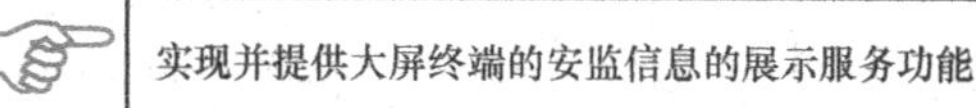

大屏接口服务子模块

实现并提供大屏终端的安监信息的展示服务功能

网站接口服务子模块

实现并提供网站终端的安监信息的展示服务功能

信息传输服务子模块

整合各种发布终端的信息传输协议，包括但不限于移动终端的推送协议和HTTP

图5-29 发布引擎管理模块的组成

1 节目模板制作子模块

支持基于Web页面所见及所得、自字义可视化节目制作，随意组合视频、图片、FLASH、PPT、字幕及时钟天气预报等实时信息，随意调整视频、图片、FLASH、字幕的显示位置，画面大小和显示特效及字幕滚动速度的设置，节目模板预览保存，节目模板文件配置，播放预览；支持新建节目模板、复制另存节目模板、修改原有模板及生成新模板

2 节目素材管理子模块

支持按素材的类别及文件类型自定义建立节目素材目录，可以导入、预览及删除节目素材。导入到素材库的文件种类多样，如一些常用的视频文件目录、FLASH文件目录、PPT文件目录、图片文件目录、音频文件目录及节目模板文件目录等各种格式的文件目录

3 节目播放管理子模块

支持开机默认播放、缺省播放、按日程播放、按工作日播放、按周期循环播放、实时紧急播放及按星期播放等定时、即时播放方式；支持节目播放列表查询，支持按播放时间查询，支持模糊查询，查看正在播放的节目和排队预播的节目；支持查询节目播放方式和播放时长等信息

4 节目审批管理子模块

支持建立节目审批策略，设置审批员权限，建立审批规则，设置节目审批参数和审批有效时间，节目传输管理

图5-30 宣传节目管理模块的组成

（5）统计分析管理模块

统计分析管理模块能统计分析各发布渠道发布的信息数量、用户的信息发布量等信息，包括发布渠道统计子模块、发布信息统计子模块和审核操作记录统计子模块，如图 5-31 所示。

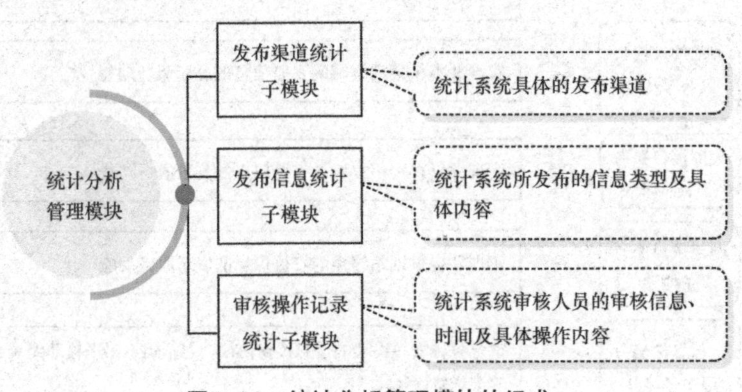

图5-31　统计分析管理模块的组成

（6）数据接口管理模块

数据接口管理模块实现与综合监管服务平台各业务系统、政府网站以及各级应急管理部门网站之间的实时信息的抽取与交互，具体组成如图 5-32 所示。

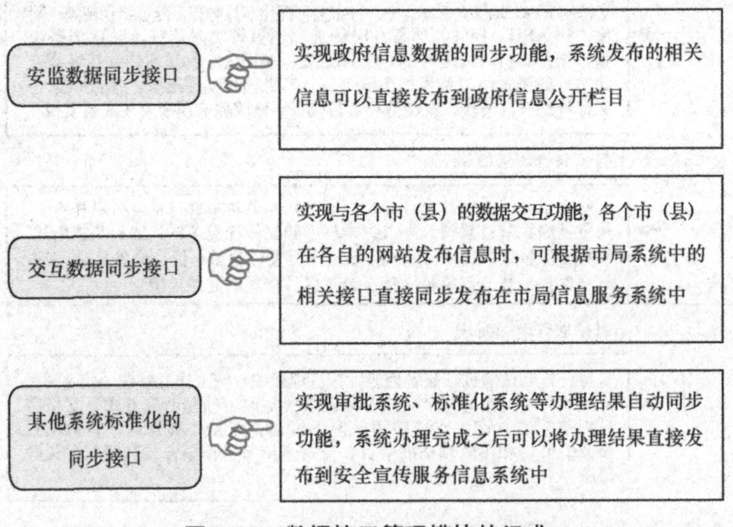

图5-32　数据接口管理模块的组成

5.6 公共信息化基础

公共信息化基础位于整体架构的偏底层，主要涉及基础网络、数据中心、信息安全和统一运维管理系统的建设。

基础网络助力“智慧安监”业务数据的网络传输和信息共享物理链路的通畅。

数据中心利用云计算平台，提供虚拟化资源，并通过统一的云资源管理平台对计算资源和存储资源进行分配和管理，服务于“智慧安监”。

信息安全实现“智慧安监”全业务的设备的安全接入和数据的交换，对业务系统提供访问控制、应用隔离、病毒防护等安全保障措施。

统一运维管理系统为“智慧安监”建设提供统一的运维管理和系统监控平台，对整个“智慧安监”底层的信息技术基础设施进行统一的监控和管理。

5.6.1 基础网络

“智慧安监”建设依托现有的政务外网，统一对涉及安全生产的各类专网、5G网络和私有网络等进行整合接入，实现各安全生产领域和单位信息的交互共享，真正实现在一张网上融合各类安全生产数据和视频信息的目的，提供跨空间、时间和部门的沟通和协作渠道。

5.6.2 数据中心

“智慧安监”的数据中心由计算资源池、存储资源池和虚拟化管理组成。各级应急管理部门数据中心依托现有电子政务数据中心的机房基础环境，遵循“物理集中、系统整合、优化管理”的实施路线，整合数据中心的资源，进而虚拟化，以提高数据中心的能效及资源利用率，降低总体运营费用。

5.6.3 信息安全

根据网络及数据中心的建设，结合视频等应用系统的业务架构、流程、用户等多方面的需求，“智慧安监”的发展需要信息安全系统的支持。信息安全系统的业务功能如图 5-33 所示。

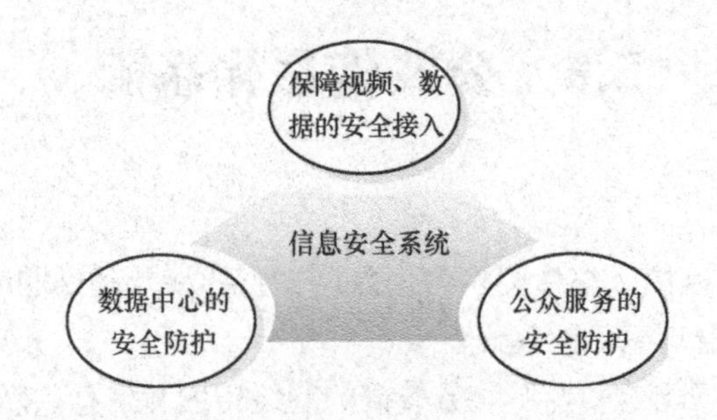

图5-33 信息安全系统的业务功能

1. 保障视频、数据的安全接入

安全生产感知网用于整合各类专网和安全生产企事业单位私有网络的感知信息，在涉及安全生产领域的横向网络间实现高速互联，并通过网络交换平台为政务外网提供感知信息源，进而实现安全生产领域各部门之间信息的快速、安全传递和资源共享。

安全生产感知网包括市级安全生产感知网和集聚区安全生产感知网两个部分。市级建设数据接入系统，完成数据的安全接入；市级和集聚区各自建设一套视频接入系统，完成相关视频的安全接入。

2. 数据中心的安全防护

“智慧安监”的数据中心建设采用虚拟化技术，大大提高了资源利用率，降低了整个系统的功耗，但带来了新的安全问题，如物理边界模糊、后台资源冲突、硬件资源利用率受到限制等，对此必须采取安全措施降低虚拟化的安全风险，以提升安全防护能力。

市级平台数据中心统一部署病毒防护系统、多功能安全网关、安全审计系统，提供病毒防护、边界访问控制、虚拟访问控制、虚拟机安全监控、网络安全审计等安全功能，保障数据中心虚拟化服务器的安全；同时在数据中心网络边界部署防火墙，实现对数据中心的访问控制，阻断非授权访问。

3. 公众服务的安全防护

安全生产感知网通过租用电信运营商的网络向公众提供 Web 服务，在连接互联网的过程中，有可能因为访问非法网站导致主机感染病毒或被植入木马程序，使业务系统受到安全威胁。为此，安全生产感知网在互联网接入区域设有防火墙系统，有基本的安全防护能力。但为提升公众服务的安全性，安全生产感知网还搭建了网络流量监控系统、抗拒绝服务攻击系统以及 Web 安全防护系统。

5.6.4 统一运维管理系统

统一运维管理是指组织或机构的相关部门采用相关的方法、手段、技术、制度、流程等，对运行环境（如软硬件环境、网络环境等）、业务系统和运维人员进行的综合管理。

1. 统一运维管理系统的主要业务目标

统一运维管理系统的主要业务目标是提供信息技术运维服务管理规范，明确信息技术运维人员的工作职责、服务流程、服务的评价指标，保障工作的顺利交接，加强对运维服务过程的监督。

统一运维管理系统可以管理多个数据中心，提供灵活的管理模式，支持数据中心的物理服务器、机柜等资产在该平台的管理。统一运维管理系统还具备管理虚拟资源和监控的能力，以及对用户资源进行分配的能力。

2. 统一运维管理系统的主要业务功能

统一运维管理系统为各类应用系统提供不同的资源服务，系统的定位是为数据中心运维管理提供有效支撑，实现对数据中心所有部件和应用软件的集中监控、集中维护和集中管理。统一运维管理系统分为统一门户和用户管理、故障处理、运维工具、考核评价 4 个模块，如图 5-34 所示。

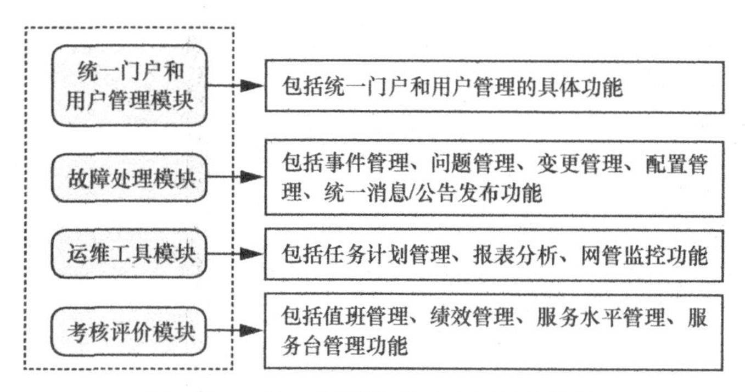

图5-34 统一运维管理系统的组成模块

第6章

安全生产应急救援指挥系统

在经济全球化和科学技术飞速发展的时代背景下，安全生产管理已进入一个新的历史发展阶段，安全生产管理工作面临诸多新情况、新问题，我国安全生产管理模式迫切需要创新。

随着安全生产业务的不断发展，安全生产应急救援指挥工作的迫切性已经不断显现，相关部门急切需要建立完善的应急救援指挥体系以及相关的软、硬件配套设施。应急管理部门建立的安全生产应急救援指挥系统，是保证安全生产和实现救援管理的基础，是有效应对各种突发事件和事故的前提。

6.1 安全生产应急救援指挥系统的建设目标与原则

6.1.1 建设目标

安全生产应急救援指挥系统的建设目标如下：依托电子政务专网，开发建设应急指挥、监控管理等业务系统及专业数据库，实现对重大危险源、高危行业企业安全生产数据的采集，满足安全生产预防预警和应急指挥的要求，提升应对突发事件的响应与处置能力，满足各级应急管理部门日常监管和突发事件应急处置工作的需要。

6.1.2 建设原则

安全生产应急救援指挥系统是根据国家安全生产相关指导思想和政策，在充分贯彻“预防为主、综合治理、加强检查”的管理方针的基础上，通过信息化手段建立的。其可对重大危险源进行在线监测，实时发现重大事故隐患并及时排查隐患和动态跟踪；变“被动式监察”为“预防式监察”，提高企业安全防范意识，便于各级应急管理部门即时掌握信息和加强监督执法力度，提高各级部门相互协同的整体工作效率，推进安全生产监管信息化的进程。

系统应按照“统一规划、分期实施、急用先行、重点突出”的原则建设。建设人员对项目的规划要兼顾未来业务的发展，对项目的实施要根据资金情况，以“急用先行、重点突出”的原则分期建设。

6.2 安全生产应急管理系统

6.2.1 系统概述

安全生产应急管理系统是应急救援系统的主要组成部分，是以应急管理流程为主线，软件与硬件相结合的突发公共事件应急保障技术系统，具备风险分析、信息报告、监测监控、预测预警、综合研判、辅助决策、综合协调、总结评估与安全事故现场应急指挥等功能。

安全生产应急管理系统能动态生成优化的综合协调方案和资源调配方案；纵向与各区县和集聚区安全生产应急管理系统相连通，横向与市应急管理系统和各部门应急管理系统实现数据交换与共享，从而为预防和应对安全生产事故以及社会安全等各类突发事件提供保障。

安全生产应急管理系统是安全生产事故应急处置的中枢，负责向应急联动平台提供事故与灾害的相关数据，接收应急联动平台下达的任务信息，从而成为应急联动平台进行安全生产应急管理、决策指挥和信息报送的基础。

安全生产应急管理系统在建设过程中应遵循国家相关标准规范和技术要求，充分考虑与应急联动平台的互联互通的要求，保证对应设备满足统一的接口规范，支持与应急联动平台的集成。安全生产应急管理系统总体功能架构如图 6-1 所示。

在整个应用系统中，安全生产应急协调指挥系统是系统的核心和关键，其他系统分别为安全生产应急协调指挥系统提供应急救援所必需的监测数据、应急方案、事件信息、资源信息等。

6.2.2 业务用户

安全生产应急管理系统的业务用户为各级应急管理部门以及企业应急团队，见表 6-1。

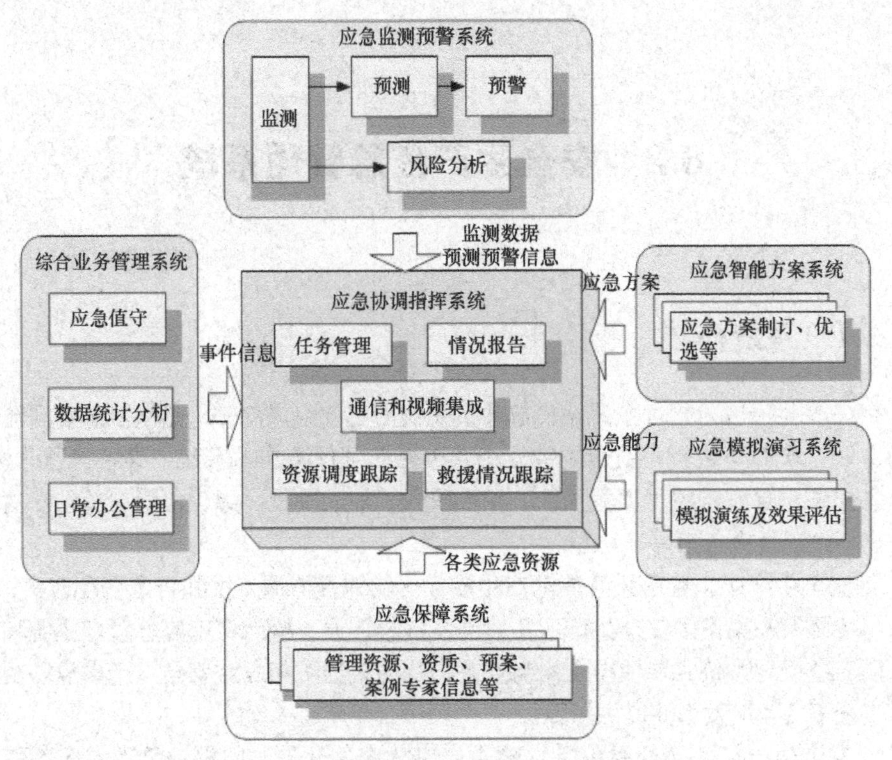

图6-1 安全生产应急管理系统总体功能架构

表6-1 安全生产应急管理系统的业务用户

序号	用户类别	业务操作
1	市应急管理局	监测预警与信息发布、信息接报、预案管理、指挥调度、事后评估和信息归档等
2	区县应急管理部门	接收市应急管理局任务指令，进行预案管理、指挥调度、事后评估和信息归档等工作
3	企业应急团队	对企业应急资源进行更新

6.2.3 业务流程

安全生产应急管理系统的业务主要涉及安全生产指挥中心、绿色产业集聚区安全生产指挥中心和市应急管理局，主要的业务流程包括监测预警与信息发布、信息接报、预案管理、指挥调度和事后评估与信息归档等，如图 6-2 所示。

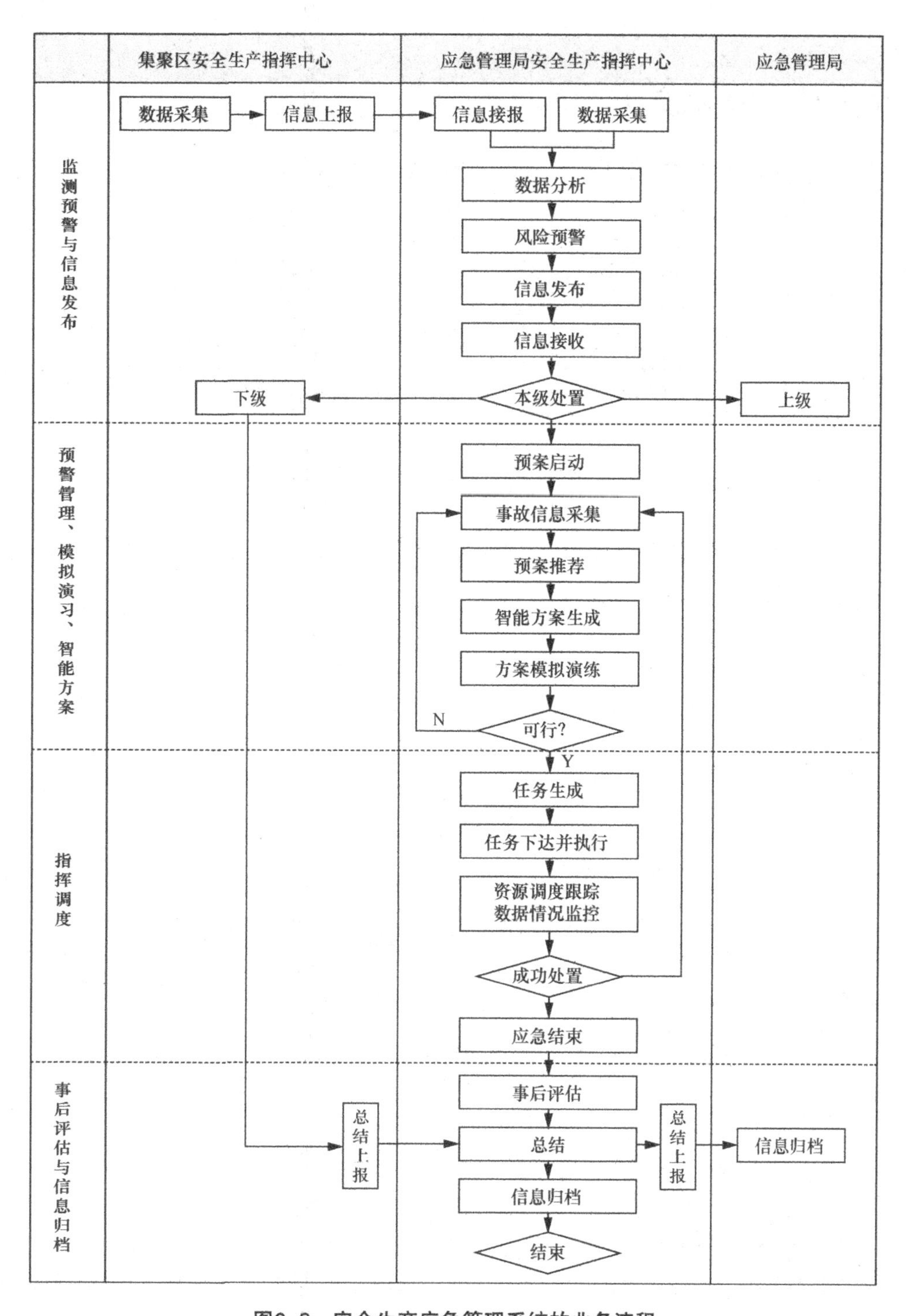

图6-2 安全生产应急管理系统的业务流程

6.2.4 业务功能

安全生产应急管理系统应实现的业务功能如图 6-3 所示。

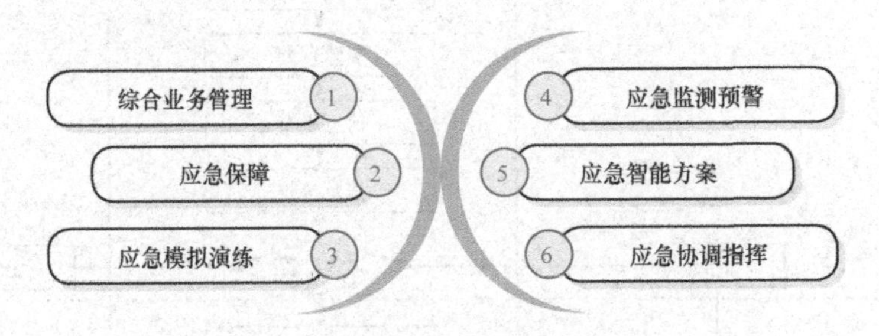

图6-3 安全生产应急管理系统应实现的业务功能

6.2.5 技术方案

1. 综合业务管理系统

综合业务管理系统包括应急值守、数据统计分析和日常业务管理 3 个模块，功能结构如图 6-4 所示。

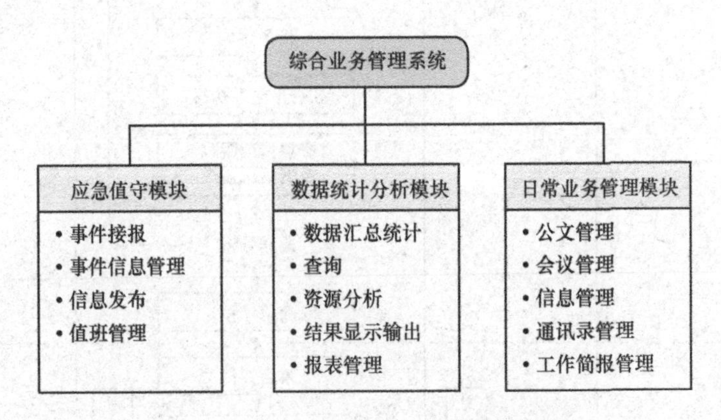

图6-4 综合业务管理系统的功能结构

（1）应急值守模块

应急值守模块包括各种安全生产突发事件信息的接收和报送、对事件信息进行管理以及向外界发布事故协调指挥过程和当前救援情况信息等功能；此外，还支持日志管理、排班管理和交接班管理等功能，具体功能说明见表 6-2。

表6-2 应急值守模块的功能说明

序号	功能	说明
1	事件接报	接收各级政府、各专项指挥部、各危化品生产企业、重点危险源监管企业、救援队等相关机构上报的安全生产突发事件信息，包括信息的自动读取、手工录入，支持事件的GIS标注；可按要求向相关部门报送，实现信息的批转
2	事件信息管理	汇总和整理各单位报送的同一事件的信息、同一单位报送的事件的连续信息，支持手动合并处理报送信息
3	信息发布	值班人员定期或不定期向外界发布事故的协调指挥过程和当前的救援情况，主要支持生成发布信息、查询调阅发布信息、确定信息发布途径及范围、待发布信息的审核校对等功能
4	值班管理	包括日志管理、排班管理、交接班管理等：日志管理包括日志记录、日志查询功能；排班管理包括编排、查询、打印、输出值班表，值班信息汇总统计等功能；交接班管理实现交接班情况、值班留言记录及查询、浏览、打印输出等功能

（2）数据统计分析模块

数据统计分析模块是指通过汇总、分析、图表呈现等多种方式，对应急预案、应急资源、救援情况实现各种统计分析，对政策、法规、规程等实现查询功能，从而为指挥决策和预测预警等提供基础数据。

数据统计分析模块由数据汇总统计、查询、资源分析、结果显示输出和报表管理 5 部分组成，功能说明见表 6-3。

表6-3 数据统计分析模块的功能说明

序号	功能	说明
1	数据汇总统计	对突发事件、重大危险源、应急资源、应急预案、应急案例、应急法律法规、应急知识及应急培训等信息数据，按照类型、等级、数量等字段进行汇总统计
2	查询	按照时间、地域、种类等组合条件查询安全生产应急系统的各种信息资源，并显示查询结果
3	资源分析	支持从不同角度对数据进行组合，并进行多维分析，使业务人员能够直观了解数据中蕴含的信息；对组合的数据进行对比分析，得出差距及产生差距的原因

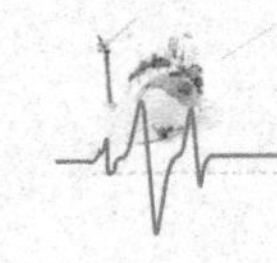

（续表）

序号	功能	说明
4	结果显示输出	支持对统计、查询、分析结果生成报表和图形；支持查询、分析结果、报表等以HTML、Excel、PDF等常用格式进行输出、打印，并支持打印预览、打印设置
5	报表管理	支持灵活设计报表模板，满足业务人员对各类固定格式的报表和个性化报表的需要，包括普通列表、明细报表、分组报表、嵌套报表、交叉报表、图表报表等；支持多个数据库的数据在同一个报表中展现；支持在线自定义Web报表、全智能化生成报表等；支持对报表和报表模板进行管理

（3）日常业务管理模块

日常业务管理模块通过对日常办公、公文办理、沟通协商、信息管理、会议管理等，实现应急指挥中心各个节点的网络化、电子化，是系统内部实现协同办公、互联互通和信息资源共享的一体化综合办公应用，可提高应急管理水平。

日常业务管理模块由公文管理、会议管理、信息管理、通讯录管理和工作简报管理5部分组成，功能说明见表6-4。

表6-4　日常业务管理模块的功能说明

序号	功能	说明
1	公文管理	包括部门内部的公文起草、提交、审批、下发、归档等功能，也支持本部门与其他相关机构之间的公文流转，包括收文、发文等
2	会议管理	提供召开会议的在线通知、场地预约、会议记录的录入管理等功能
3	信息管理	对日常应急管理业务中产生的事件信息、管理信息等进行管理维护
4	通讯录管理	提供机构、领导人员、工作人员信息及各种联系方式，方便应急事件发生时及时联系，具体包括通讯录信息的录入、维护、查询等功能
5	工作简报管理	实现简报模板管理，简报的生成，历史简报的查询、调阅，简报维护管理等操作

2. 应急保障系统

应急保障系统包括应急资源管理和分析、预案管理、资质评估、案例管理、知识管理和专家信息管理6个模块，功能结构如图6-5所示。

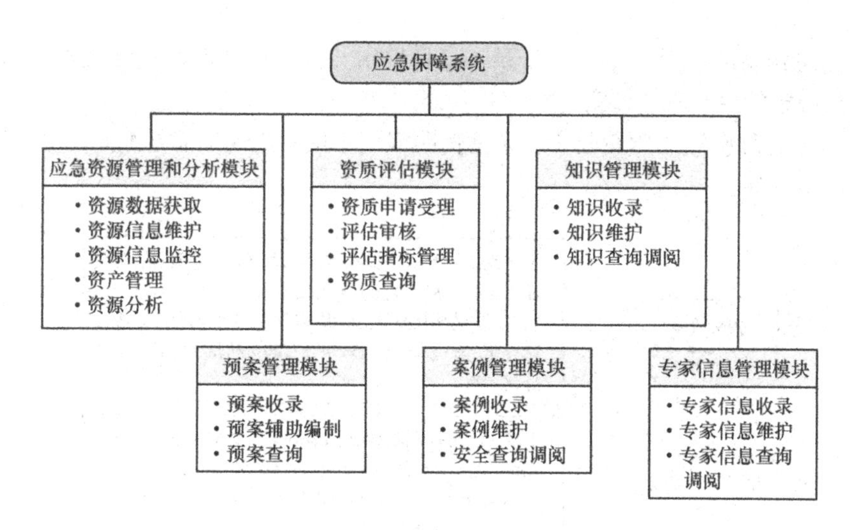

图6-5　应急保障系统的功能结构

（1）应急资源管理和分析模块

应急资源管理和分析模块可实现对应急资源动态数据的获取、维护，并能够实现对资源状态的监控及直观展示；此外，还可以对应急资产进行监督管理，对资产情况进行分析形成资源保障计划。

应急资源管理和分析模块由资源数据获取、资源信息维护、资源信息监控、资产管理和资源分析 5 部分组成，功能说明见表 6-5。

表6-5　应急资源管理和分析模块的功能说明

序号	功能	说明
1	资源数据获取	从各相关机构获取应急资源的数据，实现同步更新和定期更新
2	资源信息维护	新增、查询、修改救护队、车辆、装备等应急资源信息
3	资源信息监控	包括应急资源分布、应急资源状态监控，可基于GIS实现对应急资源的直观展示
4	资产管理	对国家投资形成的安全生产应急救援资产的类别、数量、分布、使用状态、折旧、报废等情况进行监督管理
5	资源分析	分析事发地周边一定范围内可调集的救援队或危化品救援队、车辆、装备等资源，编辑生成资源保障计划，并可以对已生成的资源保障计划进行查询和修改

（2）预案管理模块

预案管理模块实现对各级安全生产相关部门的总体应急预案、专项应急预案、部门应急预案的分类、采集、备案、查询检索、打印等功能，可动态管理预案，同时能够辅助生成应急预案。

预案管理模块由预案收录、预案辅助编制和预案查询 3 部分组成，功能说明如图 6-6 所示。

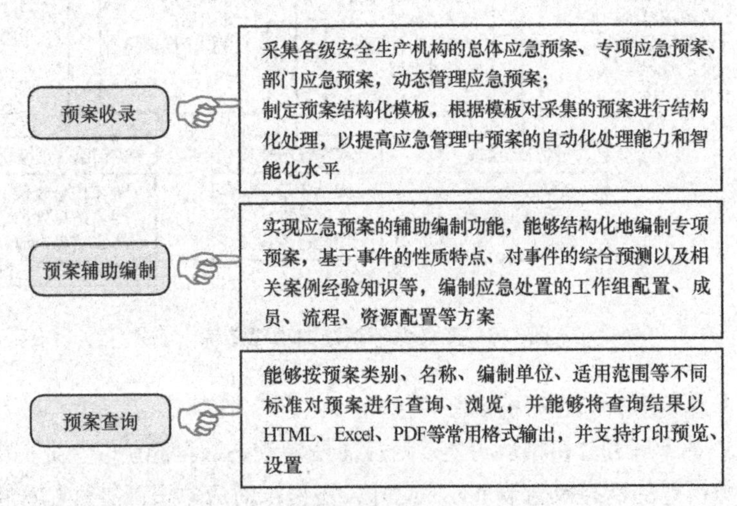

预案收录
采集各级安全生产机构的总体应急预案、专项应急预案、部门应急预案，动态管理应急预案；
制定预案结构化模板，根据模板对采集的预案进行结构化处理，以提高应急管理中预案的自动化处理能力和智能化水平
预案辅助编制
实现应急预案的辅助编制功能，能够结构化地编制专项预案，基于事件的性质特点、对事件的综合预测以及相关案例经验知识等，编制应急处置的工作组配置、成员、流程、资源配置等方案
预案查询
能够按预案类别、名称、编制单位、适用范围等不同标准对预案进行查询、浏览，并能够将查询结果以HTML、Excel、PDF等常用格式输出，并支持打印预览、设置

图6-6　预案管理模块的功能说明

（3）资质评估模块

资质评估模块包括评估申请的受理、审核、结果查询，并能够管理和维护评估模型和指标。资质评估模块由资质申请受理、评估审核、评估指标管理和资质查询 4 部分组成，功能说明如图 6-7 所示。

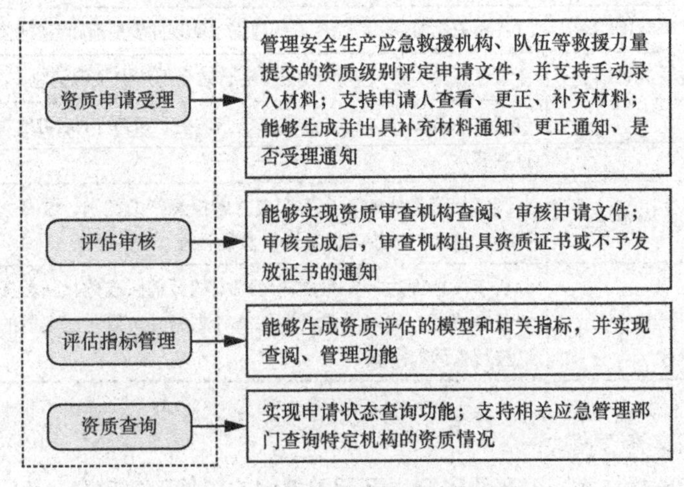

资质申请受理
管理安全生产应急救援机构、队伍等救援力量提交的资质级别评定申请文件，并支持手动录入材料；支持申请人查看、更正、补充材料；能够生成并出具补充材料通知、更正通知、是否受理通知
评估审核
能够实现资质审查机构查阅、审核申请文件；审核完成后，审查机构出具资质证书或不予发放证书的通知
评估指标管理
能够生成资质评估的模型和相关指标，并实现查阅、管理功能
资质查询
实现申请状态查询功能；支持相关应急管理部门查询特定机构的资质情况

图6-7　资质评估模块的功能说明

（4）案例管理模块

案例管理模块主要负责收录国内外安全生产应急救援案例，并支撑对案例进行修改、分类、删除、查询调阅等操作，实现对案例资源的结构化编辑和管理。

案例管理模块由案例收录、案例维护和案例查询调阅 3 部分组成，功能说明如图 6-8 所示。

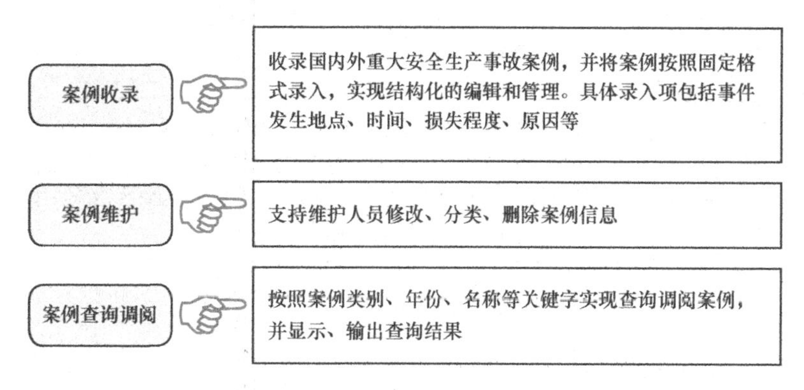

图6-8　案例管理模块的功能说明

（5）知识管理模块

知识管理模块主要负责收录应急管理、应急救援相关知识，支持对收录的知识进行修改、分类、删除、查询、调阅等操作，实现对知识资源的结构化编辑和管理。

知识管理模块由知识收录、知识维护和知识查询调阅 3 部分组成，功能说明如图 6-9 所示。

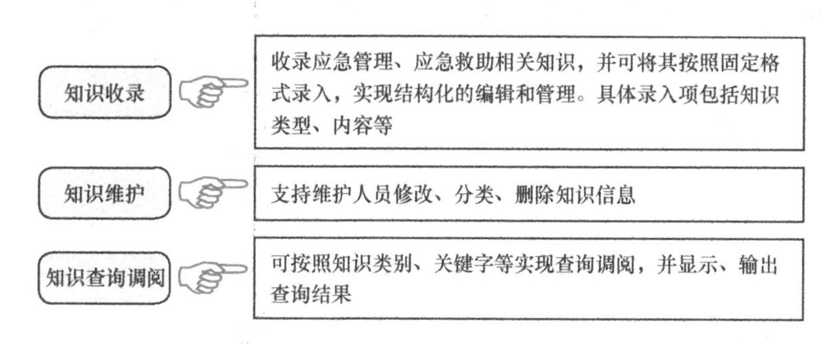

图6-9　知识管理模块的功能说明

（6）专家信息管理模块

专家信息管理模块负责收录应急管理、应急救援等领域的专家信息，并支持对这些信息进行修改、分类、删除、查询调阅等操作，实现对专家信息的结构化编辑和管理。

专家信息管理模块由专家信息收录、专家信息维护和专家信息查询调阅 3 部分组成，功能说明如图 6-10 所示。

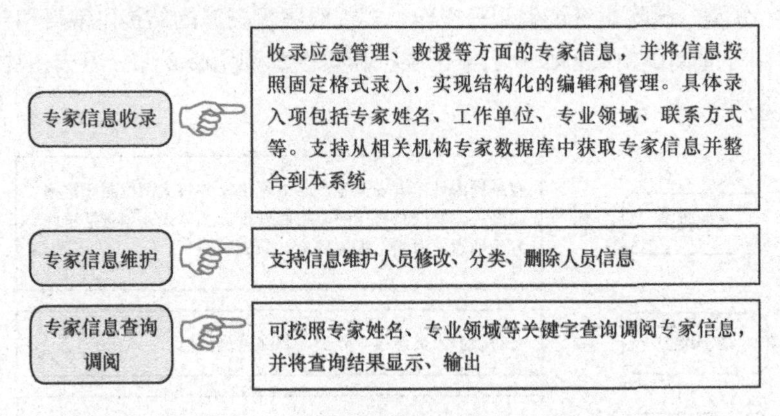

图6-10　专家信息管理模块的功能说明

3. 应急模拟演练系统

应急模拟演练系统包括演练计划管理、演练过程管理、演练过程记录和演练效果评估 4 个模块，功能结构如图 6-11 所示。

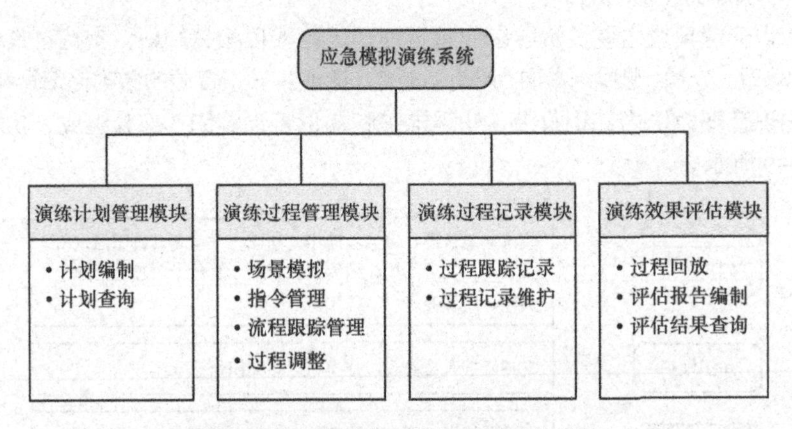

图6-11　应急模拟演练系统的功能结构

（1）演练计划管理模块

演练计划管理模块是应急模拟演练的开始阶段，通过对演练计划的编制、修改、查询等功能，可实现对应急模拟演练方案的总体控制管理，主要功能包括在规范化模板的基础上编制演练计划，修改计划，并查询已完成的演练计划。

演练计划管理模块由计划编制和计划查询两部分组成，功能说明如图 6-12 所示。

计划编制

整个模拟演练系统的开始阶段。利用规范化的模板编制演练计划，包括时间、地点、参加单位等信息；并按演练阶段的不同，编制分阶段或分部门的详细演练计划，并可调整已编制的演练计划，最终生成可视化的模拟演练计划

计划查询

对已编制的演练计划，按照不同的关键词查询，并显示查询结果；同时，显示相关的应急预案链接，并可通过单击链接直接查看相关应急预案

图6-12　演练计划管理模块的功能说明

（2）演练过程管理模块

演练过程管理模块通过模拟演练场景、管理演练指令以及监控演练全过程，推动和管理演练进程，并能够根据监控结果，调整优化演练过程，使过程更加合理。

演练过程管理模块由场景模拟、指令管理、流程跟踪管理和过程调整 4 部分组成，功能说明如图 6-13 所示。

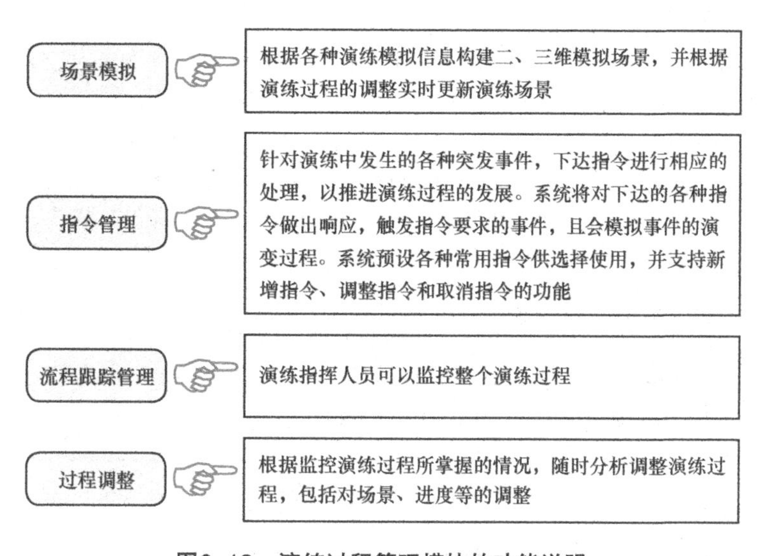

场景模拟
根据各种演练模拟信息构建二、三维模拟场景，并根据演练过程的调整实时更新演练场景
指令管理
针对演练中发生的各种突发事件，下达指令进行相应的处理，以推进演练过程的发展。系统将对下达的各种指令做出响应，触发指令要求的事件，且会模拟事件的演变过程。系统预设各种常用指令供选择使用，并支持新增指令、调整指令和取消指令的功能
流程跟踪管理
演练指挥人员可以监控整个演练过程
过程调整
根据监控演练过程所掌握的情况，随时分析调整演练过程，包括对场景、进度等的调整

图6-13　演练过程管理模块的功能说明

（3）演练过程记录模块

演练过程记录模块即应用文本、图像、音视频等结构化或非结构化的多媒体形式记录演练全过程信息，实现记录的录入或自动获取，并支持对演练记录进行修改、分类、汇总等维护操作，为演练过程回放、演练效果评估存储资料。

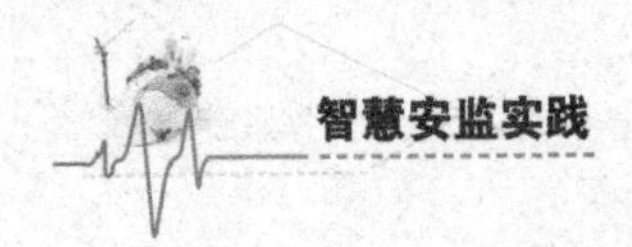

演练过程记录模块由过程跟踪记录和过程记录维护两部分组成，功能说明如图 6-14 所示。

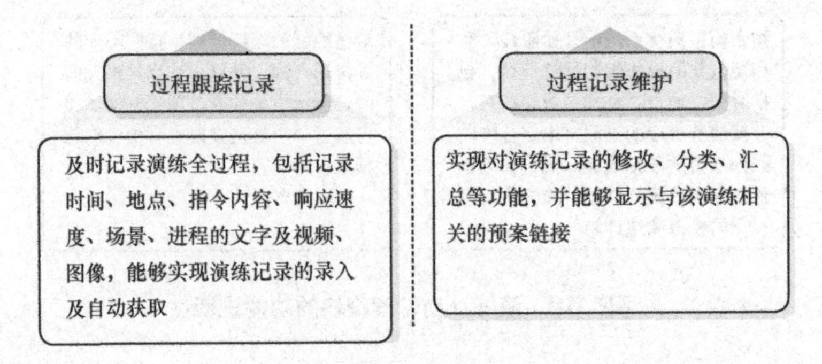

图6-14　演练过程记录模块的功能说明

（4）演练效果评估模块

演练效果评估模块是通过对演练过程的查询、回放、讨论，评估演练过程、效率、效果，最终形成总体评估报告，总结成功经验和失败教训，并给出建议和意见，为成功实战提供有价值的信息。

演练效果评估模块由过程回放、评估报告编制和评估结果查询 3 部分组成，功能说明如图 6-15 所示。

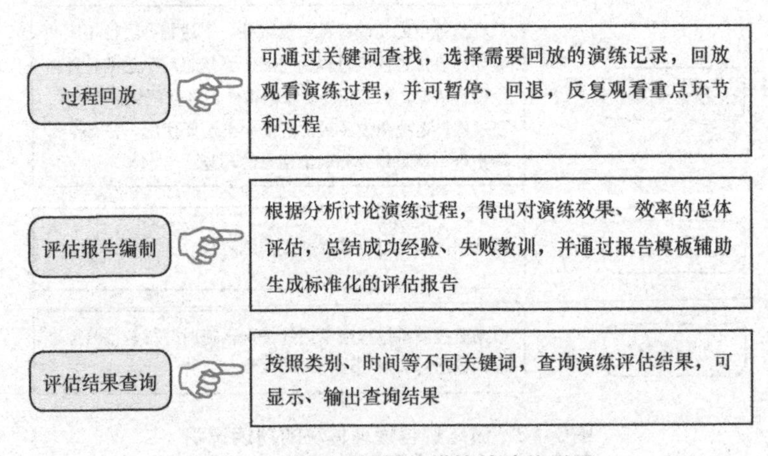

图6-15　演练效果评估模块的功能说明

4. 应急监测预警系统

应急监测预警系统包括风险隐患监测、风险隐患分析、风险预测和风险预警 4 个模块，功能结构如图 6-16 所示。

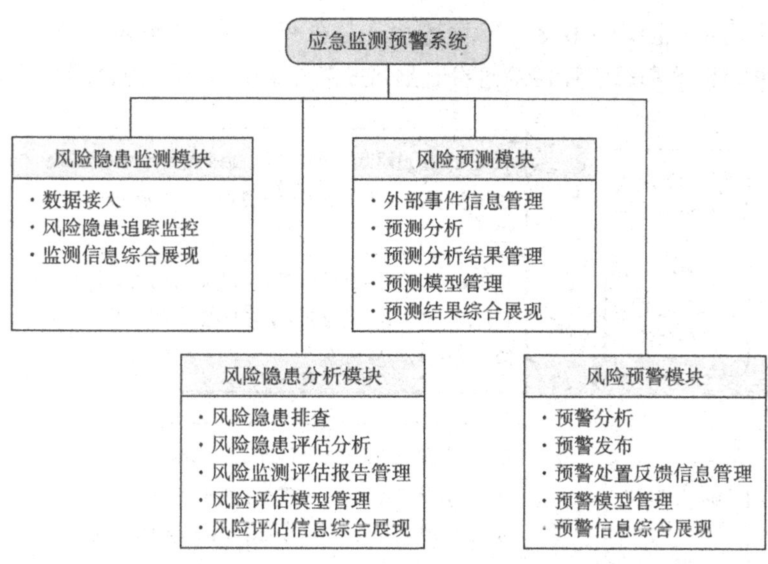

图6–16　应急监测预警系统的功能结构

（1）风险隐患监测模块

风险隐患监测模块实现对下级机构风险监测信息的处理结果的汇集，并结合GIS进行全局的综合展现。风险隐患监测模块由数据接入、风险隐患追踪监控和监测信息综合展现3部分组成，功能说明如图6–17所示。

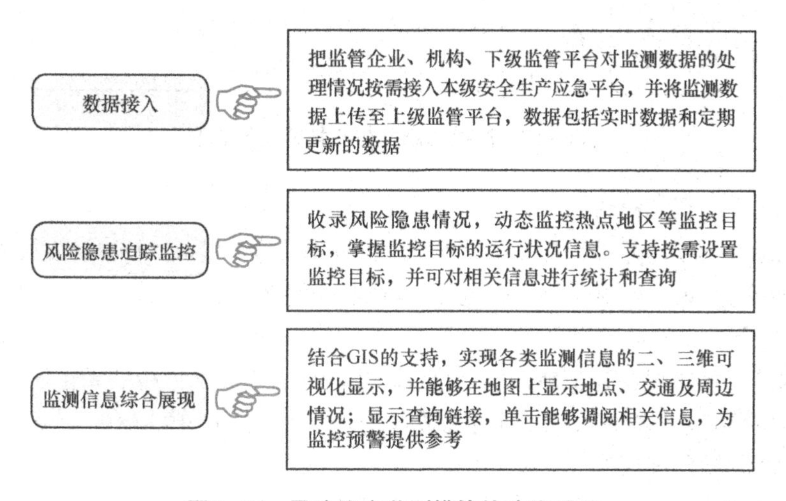

图6–17　风险隐患监测模块的功能说明

（2）风险隐患分析模块

风险隐患分析模块对各种监测数据进行风险分析，预防潜在的危害。风险隐

患分析模块由风险隐患排查、风险隐患评估分析、风险监测评估报告管理、风险评估模型管理和风险评估信息综合展现5部分组成，功能说明如图6-18所示。

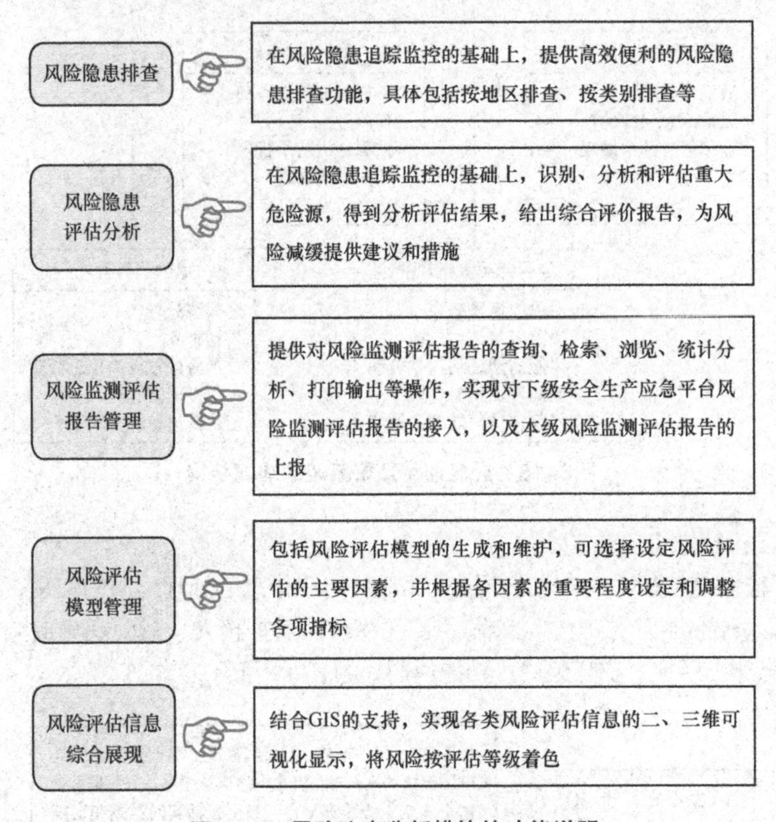

图6-18　风险隐患分析模块的功能说明

（3）风险预测模块

风险预测模块通过综合预测分析模型的快速计算，模拟分析事态发展和后果，分析潜在的次生、衍生事件，确定事件可能的影响范围、影响方式、持续时间和危害程度等。

风险预测模块由外部事件信息管理、预测分析、预测分析结果管理、预测模型管理和预测结果综合展现5部分组成，功能说明如图6-19所示。

（4）风险预警模块

风险预警模块根据预测分析结果，结合设定预警模型，确定预警级别，发布预警信息，并查询和汇总预警处置反馈信息。

风险预警模块由预警分析、预警发布、预警处置反馈信息管理、预警模型管理和预警信息综合展现5部分组成，功能说明如图6-20所示。

功能	说明
外部事件信息管理	支持录入由其他应急平台综合预测的可能引发的次生事件，或录入其他平台通过电话、传真等形式传来的预测预警信息，并支持查询、修改预警信息
预测分析	通过数据接入、数据提取得到分析所需的数据信息，依据突发安全生产事故发生的规律，利用预测模型预测分析风险隐患，综合研判事件后果以及次生、衍生事件发生的可能性，为预警分级、预警发布等提供依据
预测分析结果管理	管理预测分析的结果信息，包括按不同关键词查询检索，内容浏览，统计分析，修改、删除预测信息等，并可上报预测分析结果
预测模型管理	包括预测模型的生成和维护，可选择设定风险隐患的主要因素，并根据各因素的重要程度，设定各项指标，可灵活调整各类指标以优化预测模型
预测结果综合展现	结合GIS，实现各类预测结果的二、三维可视化显示

图6-19　风险预测模块的功能说明

功能	说明
预警分析	根据综合预测分析结果，结合设定的预警模型，确定突发安全生产事故的预警级别，按照相关预案规定，形成预警发布信息
预警发布	编制预警通知发给相关的应急机构和相关监管部门、机构
预警处置反馈信息管理	通过外部事件名称等条件，查询可能受影响的相关部门和机构所采取的预防措施和灾害损失情况；汇总相关部门和机构反馈的关于预警信息所做的处置和已造成的损失等信息
预警模型管理	包括预警模型的生成和维护，可设定和调整预警级别各项指标
预警信息综合展现	结合GIS，实现各类预警信息的二、三维可视化显示

图6-20　风险预警模块的功能说明

5. 应急智能方案系统

应急智能方案系统包括信息集成、方案制订、方案调整、方案管理和应急评估 5 个模块，功能结构如图 6-21 所示。

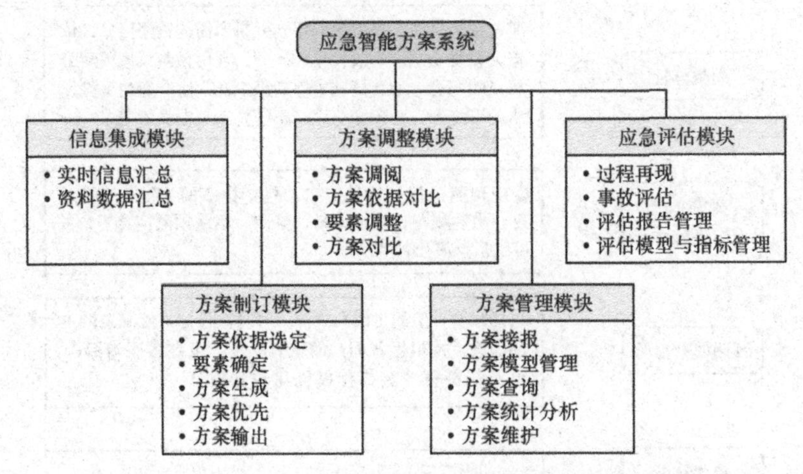

图6-21 应急智能方案系统的功能结构

（1）信息集成模块

信息集成模块能够采集并汇总事件的实时信息，生成反映事件情况的文字表单；搜集整理与突发事件相关的地理、经济状况、案例等基础数据，为方案生成提供依据。信息集成模块由实时信息汇总和资料数据汇总两部分组成，功能说明见表 6-6。

表6-6 信息集成模块的功能说明

序号	功能	说明
1	实时信息汇总	及时汇总突发事件的相关信息，包括事态发展、损失程度、现场救援情况反馈、可调用的资源情况等，并对信息进行分类汇总，形成能够反映事态发展情况的文字信息或表单，为应急处理方案提供最新信息
2	资料数据汇总	能够收集与突发事件以及应急处理相关的基础信息，例如事发地地理状况、人口数量、经济数据、周边设施情况、相关预案、案例、专家信息、应急知识信息等，为突发事件的处置提供基础数据，并实现按照不同的关键字进行基础信息搜索、查询结果的显示输出、查询结果汇总等功能

（2）方案制订模块

方案制订模块能够在信息集成的基础上，选择并确定作为方案依据的各类参数、方案确定要素，智能化地组成应急方案；此外，还能够自动对比分析生成的多个方案并给出排序，为最终选择提供建议。

方案制订模块由方案依据选定、要素确定、方案生成、方案优先和方案输出 5 部分组成，功能说明见表 6-7。

表6-7 方案制订模块的功能说明

序号	功能	说明
1	方案依据选定	在信息集成的基础上，选择制订方案需要考虑的各种相关参数，并明确参数的取值，这些信息将成为制订应急方案的依据
2	要素确定	根据相关预案、事件类型和级别、分析和研判结果、周围环境信息、应急处置力量和其他应急资源等，确定应急方案的要素（如事件接报信息、周围环境信息、处置流程、组织机构、处置措施、应急保障、善后恢复等）
3	方案生成	根据所确定的应急方案要素，自动或以人机交互的方式生成各项要素的内容
4	方案优先	根据不同的优化目标或比对要素结合专家的经验，分析和比对生成的多个方案，能以自动或人机交互的方式给出方案的排序，供决策时参考使用
5	方案输出	将制订好的方案输出为易于发布和查阅的文件格式，包括PDF、HTML、Excel等格式

（3）方案调整模块

方案调整模块的功能包括方案调阅、对方案制订依据和要素的调整，在此基础上调整优化整体方案，并能够与之前的方案进行对比并模拟展示对比结果。方案调整模块由方案调阅、方案依据对比、要素调整和方案对比 4 部分组成，功能说明如图 6-22 所示。

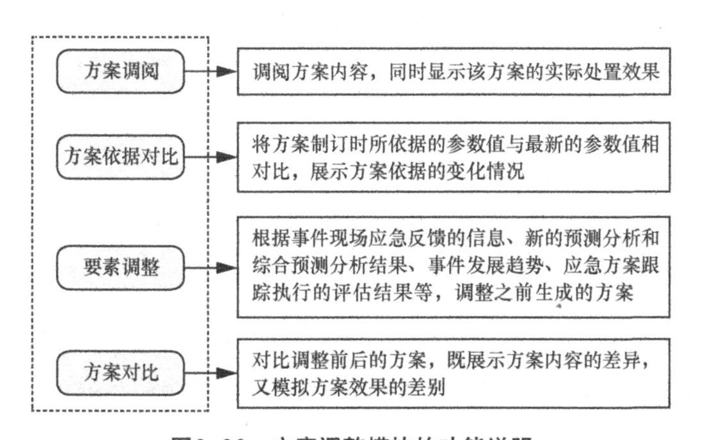

图6-22 方案调整模块的功能说明

（4）方案管理模块

方案管理模块能接收和管理各机构报送的应急方案，优化调整方案制订的各类模板、要素，并支持查询、统计分析及维护已生成的方案。

方案管理模块由方案接报、方案模型管理、方案查询、方案统计分析和方案维护 5 部分组成，功能说明如图 6-23 所示。

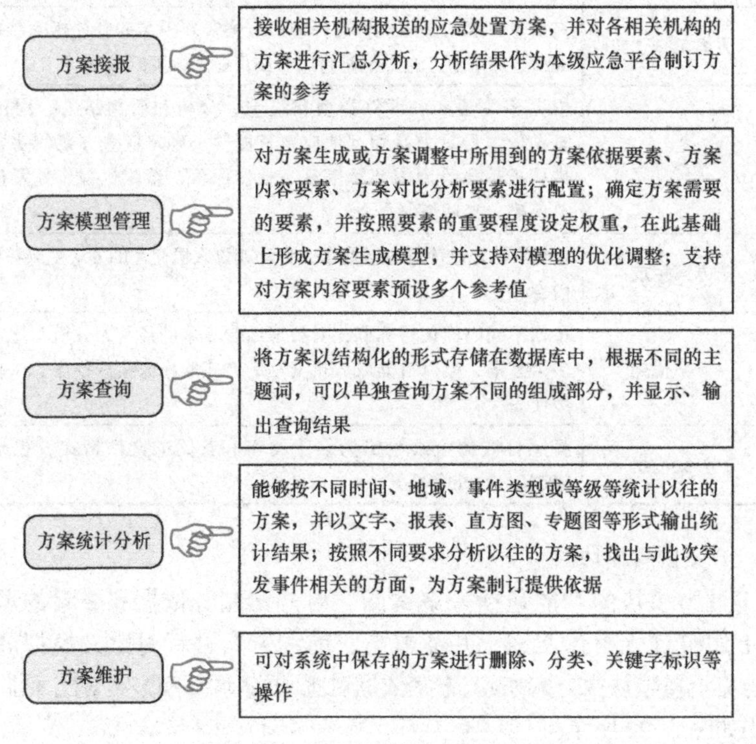

图6-23　方案管理模块的功能说明

（5）应急评估模块

应急评估模块通过对突发事件过程的再现，实现对救援效果、效率的评估分析并形成评估报告，此外，还能够管理评估模型指标和评估报告。

应急评估模块由过程再现、事故评估、评估报告管理和评估模型与指标管理 4 部分组成，功能说明如图 6-24 所示。

6. 应急协调指挥系统

应急协调指挥系统包括任务管理、资源调度跟踪、救援情况监控、情况报告、通信和视频系统集成 5 个模块，功能结构如图 6-25 所示。

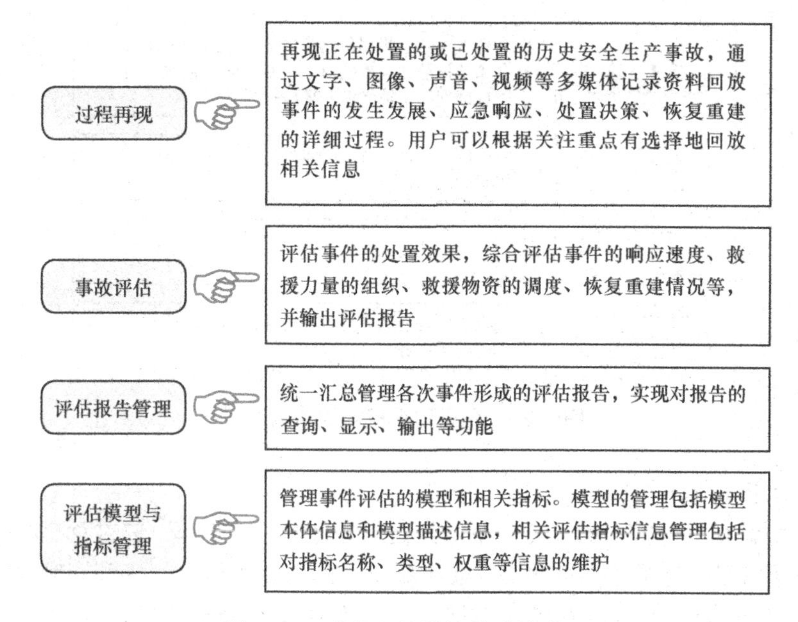

图6-24 应急评估模块的功能说明

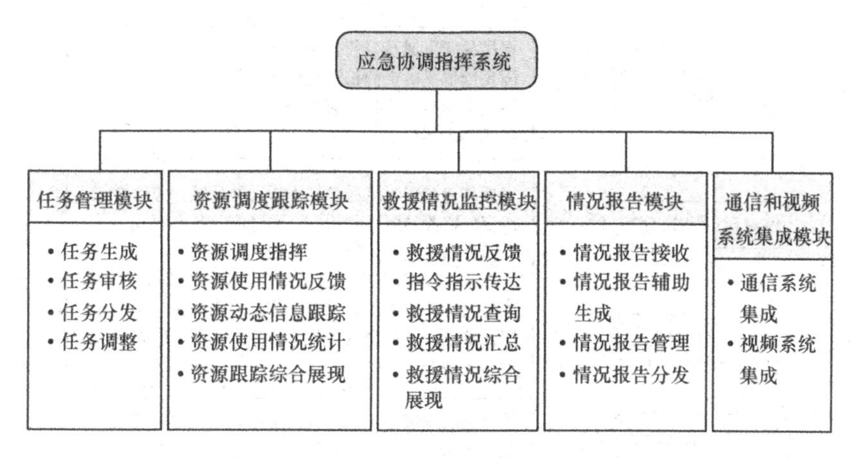

图6-25 应急协调指挥系统的功能结构

（1）任务管理模块

任务管理模块的功能包括根据相关预案及智能方案，生成具体的救援任务，并实现对救援任务的审核、分发及调整。任务管理模块由任务生成、任务审核、任务分发和任务调整 4 个部分组成，功能说明如图 6-26 所示。

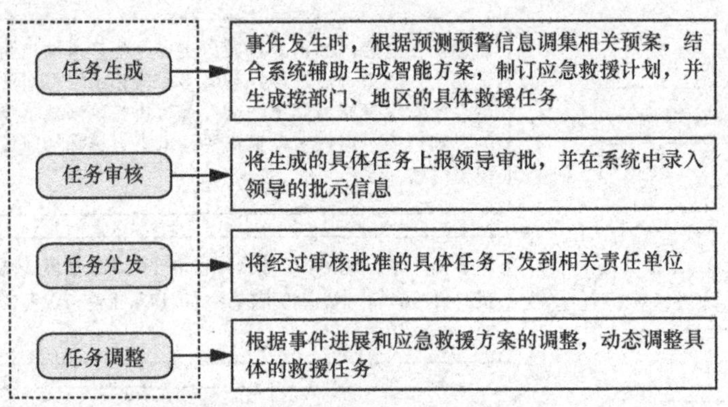
任务生成
事件发生时，根据预测预警信息调集相关预案，结合系统辅助生成智能方案，制订应急救援计划，并生成按部门、地区的具体救援任务
任务审核
将生成的具体任务上报领导审批，并在系统中录入领导的批示信息
任务分发
将经过审核批准的具体任务下发到相关责任单位
任务调整
根据事件进展和应急救援方案的调整，动态调整具体的救援任务

图6-26 任务管理模块的功能说明

（2）资源调度跟踪模块

资源调度跟踪模块的功能包括对救援资源进行调度指挥，通过动态跟踪掌握资源应用情况、使用效率情况等，实现基于 GIS 的直观展示。资源调度跟踪模块由资源调度指挥、资源使用情况反馈、资源动态信息跟踪、资源使用情况统计和资源跟踪综合展现 5 部分构成，功能说明如图 6–27 所示。

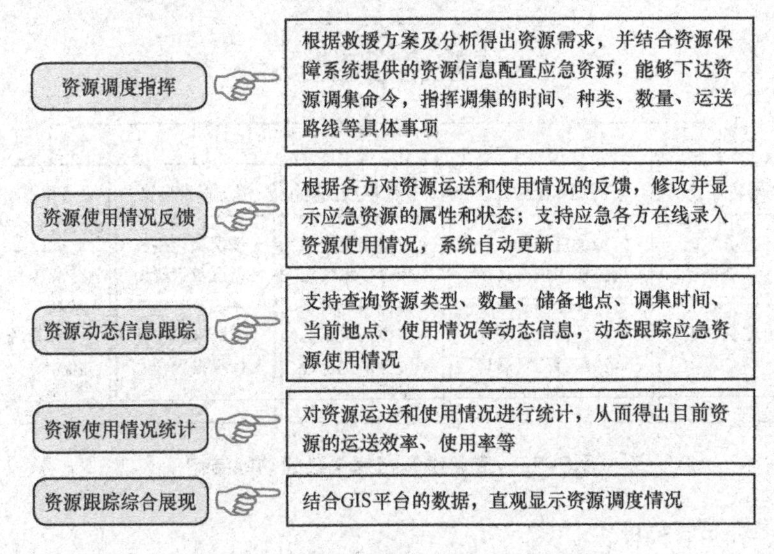
资源调度指挥
根据救援方案及分析得出资源需求，并结合资源保障系统提供的资源信息配置应急资源；能够下达资源调集命令，指挥调集的时间、种类、数量、运送路线等具体事项
资源使用情况反馈
根据各方对资源运送和使用情况的反馈，修改并显示应急资源的属性和状态；支持应急各方在线录入资源使用情况，系统自动更新
资源动态信息跟踪
支持查询资源类型、数量、储备地点、调集时间、当前地点、使用情况等动态信息，动态跟踪应急资源使用情况
资源使用情况统计
对资源运送和使用情况进行统计，从而得出目前资源的运送效率、使用率等
资源跟踪综合展现
结合GIS平台的数据，直观显示资源调度情况

图6-27 资源调度跟踪模块的功能说明

（3）救援情况监控模块

救援情况监控模块能够实现对救援领导机构指令的发布，支持对最新救援情况进行查询、收集、汇总、分析，并结合 GIS 的数据展示救援情况。救援情况监

控模块由救援情况反馈、指令指示传达、救援情况查询、救援情况汇总和救援情况综合展现 5 部分组成，功能说明如图 6-28 所示。

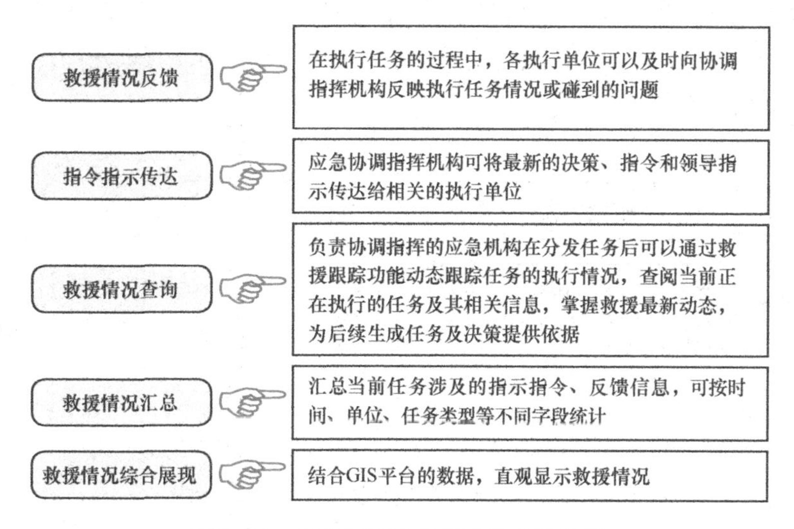

图6-28　救援情况监控模块的功能说明

（4）情况报告模块

情况报告模块能够接收相关机构的救援情况报告，辅助生成本级救援机构的阶段性及整体救援情况报告，并管理和分发报告。情况报告模块由情况报告接收、情况报告辅助生成、情况报告管理和情况报告分发 4 部分组成，功能说明如图 6-29 所示。

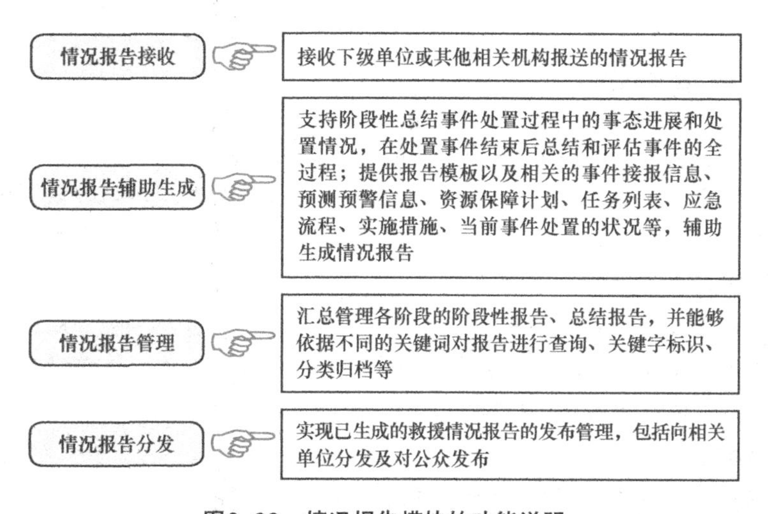

图6-29　情况报告模块的功能说明

（5）通信和视频系统集成模块

通信和视频系统集成模块依靠通信和信息设备、大屏幕显示、专家视频会商、图像传输控制、电子地图管理等，完成协调指挥、信息管理并跟踪监测事故救援过程。通信和视频系统集成模块由通信系统集成和视频系统集成两部分组成，功能说明如图 6-30 所示。

通信系统集成	视频系统集成
实现通信信息系统的软件接口在非常态下，借助现代通信系统完成对事故救援协调指挥过程的全程协调指挥、跟踪管理和信息发布	实现大屏幕显示、视频会议、图像传输控制、GIS显示等内容的集成，完成对事故救援协调指挥过程的全程综合显示、协调指挥和跟踪管理

图6-30　通信和视频系统集成模块的功能说明

6.3　现场应急指挥系统

6.3.1　系统概述

现场应急指挥系统可以进一步帮助应急管理部门提高应急管理的现代化水平，提升其应对各类突发公共事件的处置能力，保障事件现场与应急管理平台之间的联络畅通，为相关人员及时了解和掌握突发公共事件事发现场的状况，应急处置和指挥决策提供强有力的支持。

现场应急指挥系统主要实现安全现场音视频采集、现场通信、监测监控、视频会商等主要功能，可满足应急通信、视频会议、图像接入、数据检索和调用等功能需求，支持电话通信、数据传送、图像接入、视频会议业务开展、信息采集与查询等功能。

现场应急指挥系统的业务用户为各级应急管理部门。

6.3.2 业务流程

现场应急指挥系统的业务流程如图 6-31 所示。

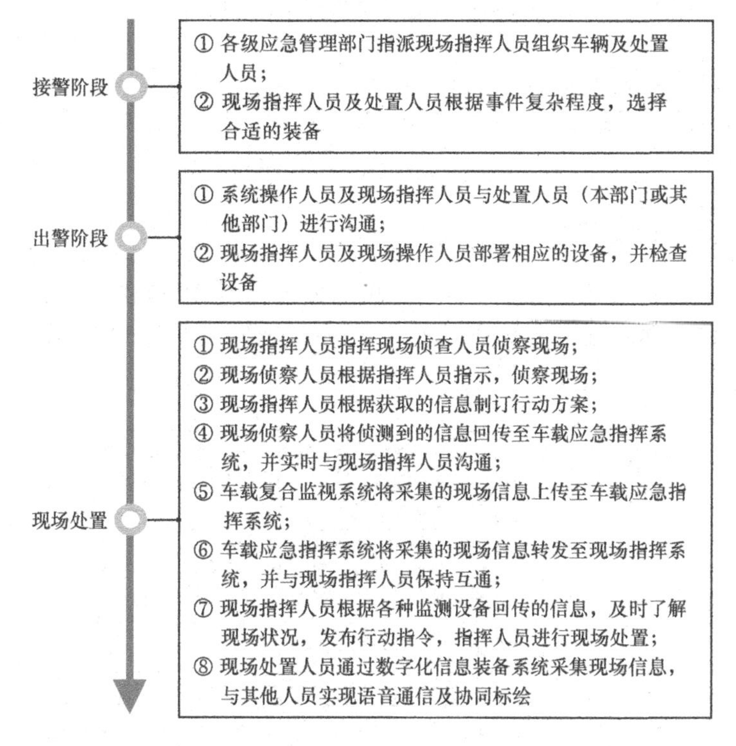

接警阶段
① 各级应急管理部门指派现场指挥人员组织车辆及处置人员；
② 现场指挥人员及处置人员根据事件复杂程度，选择合适的装备
出警阶段
① 系统操作人员及现场指挥人员与处置人员（本部门或其他部门）进行沟通；
② 现场指挥人员及现场操作人员部署相应的设备，并检查设备
现场处置
① 现场指挥人员指挥现场侦查人员侦察现场；
② 现场侦察人员根据指挥人员指示，侦察现场；
③ 现场指挥人员根据获取的信息制订行动方案；
④ 现场侦察人员将侦测到的信息回传至车载应急指挥系统，并实时与现场指挥人员沟通；
⑤ 车载复合监视系统将采集的现场信息上传至车载应急指挥系统；
⑥ 车载应急指挥系统将采集的现场信息转发至现场指挥系统，并与现场指挥人员保持互通；
⑦ 现场指挥人员根据各种监测设备回传的信息，及时了解现场状况，发布行动指令，指挥人员进行现场处置；
⑧ 现场处置人员通过数字化信息装备系统采集现场信息，与其他人员实现语音通信及协同标绘

图6-31 现场应急指挥系统的业务流程

6.3.3 业务功能

现场应急指挥系统相当于亲临现场的指挥平台。在突发事件发生后，应急指挥车能迅速到达突发事件的现场，相关人员可快速搭建现场指挥中心。该系统主要具备现场应急通信、视频监控、多方视频及语音会商和移动办公等功能。

6.3.4 技术方案

现场应急指挥系统的架构如图 6-32 所示。

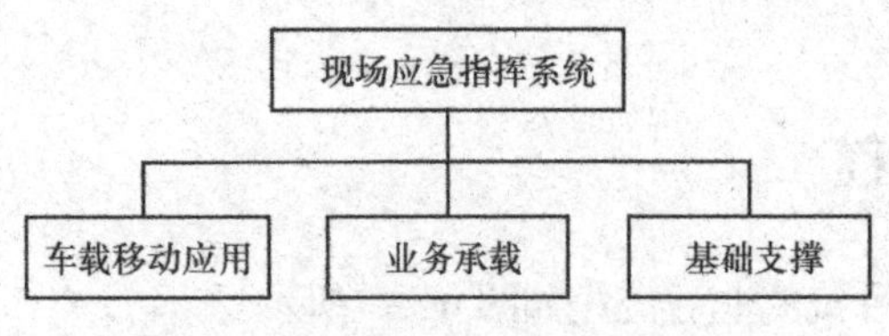

图6-32　现场应急指挥系统的架构

1. 车载移动应用

车载移动应用系统具有视频应用、GIS 地图管理、应急指挥调度和综合管理功能。

（1）视频应用

视频应用系统包括视频存储管理子系统、视频显示控制子系统和视频检索回放子系统，如图 6-33 所示。在现场处置过程中，指挥车或操作人员使用视频监控管理功能查看感兴趣的视频源，调整其对应的监控设备的云台镜头参数。

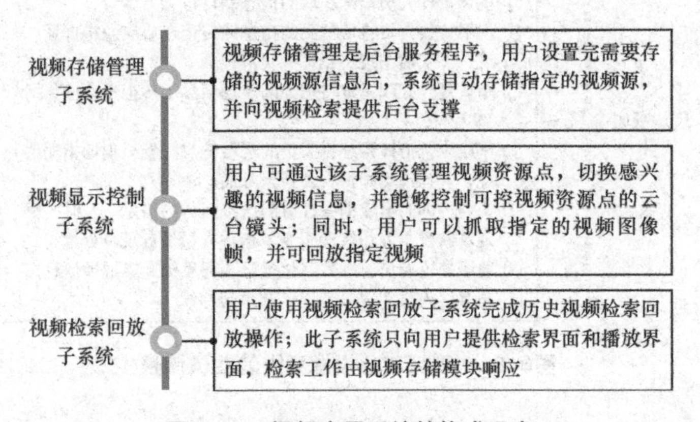

图6-33　视频应用系统的构成示意

（2）GIS 地图管理

GIS 地图管理系统向用户提供事件处置现场 GIS 地图及相关的地理信息，如救援队伍、视频资源点的部署信息，并提供各个资源点的属性信息、相应传感器信息等。

（3）应急指挥调度

应急指挥调度系统是整个现场指挥系统的核心之一，需要实现的基本功能有：事件处置管理、应急方案生成等，如图 6-34 所示，系统还能与其他子系统进行实时信息交互。现场指挥人员可以根据应急预案和现场态势，准确、快速地实行自动化调度，力求提高救援人员在现场的事故处置效率。

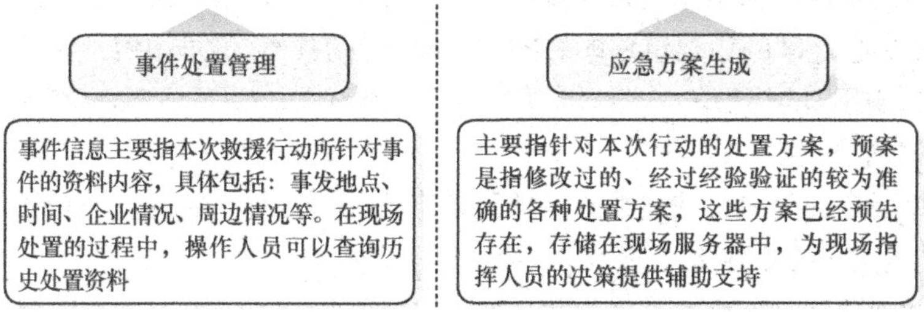

事件处置管理
事件信息主要指本次救援行动所针对事件的资料内容，具体包括：事发地点、时间、企业情况、周边情况等。在现场处置的过程中，操作人员可以查询历史处置资料
应急方案生成
主要指针对本次行动的处置方案，预案是指修改过的、经过经验验证的较为准确的各种处置方案，这些方案已经预先存在，存储在现场服务器中，为现场指挥人员的决策提供辅助支持

图6–34 应急指挥调度系统的构成示意

（4）综合管理

综合管理系统具有数据库初始化、基础用户创建、用户权限管理、文件导入和导出、数据库备份及维护、设备状态监测与管理以及资源标绘等功能。

2. 业务承载

中型现场应急指挥车业务承载系统的组成如图 6–35 所示。

视频会议终端
便携式计算机
移动应急平台
局域网
人员图像传输
音视频
矩阵
终端显示
扬声器

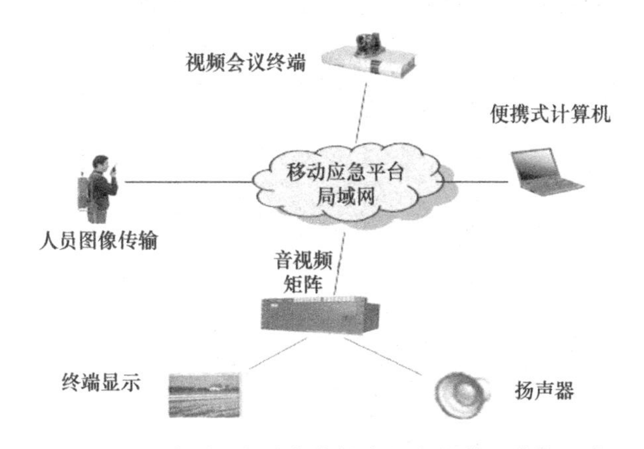

图6–35 中型现场应急指挥车业务承载系统的组成

（1）现场应急通信系统

现场应急通信系统包括无线网络通信系统和海事卫星通信系统。现场应急通信系统能够保障现场无线通信网络的稳定，实现现场应急指挥车与应急管理部门应急平台之间的通信，为现场应急指挥车对外通信提供各种传输通道，现场应急通信系统可实现平台间互通、信息采集和传送、计算机网络通信等功能。现场应急通信系统通过车内音视频系统完成移动视频会议、实时图像切换等多项功能，实现应急系统的远程移动指挥。

1）无线网络通信系统

通过无线网络通信系统可实现在突发事件现场快速搭建各应急处置终端以及现场指挥中心之间的通信链路的目的，保障设备的正常信息通信，实现语音、视频以及数据信息的传输。

2）海事卫星通信系统

海事卫星通信系统快速搜索并捕获指定的卫星信号，实现现场指挥系统与后方指挥中心之间数据信息的交互。

（2）视频会议系统

视频会议系统通过现场应急指挥车上的网络实现异地会商，助力各项应急指挥调度工作的及时开展。

（3）图像接入系统

图像接入系统主要完成现场图像采集、计算机系统的视频接入和显示工作，是现场信息的汇总和显示中心。

3. 基础支撑

基础支撑即配备功能齐全的智慧化的现场应急指挥车。

第7章

企业安全生产信息化系统的建设

信息已经成为重要的生产要素，渗透到生产经营活动的全过程，融入安全生产管理的各环节。安全生产信息化就是利用信息技术，通过对安全生产领域信息资源的开发利用和交流共享，提高安全生产管理水平和效率。

企业级安全生产信息化系统是为了有效实施企业现代化发展战略，提高企业及其下属企业的安全生产管理水平，实现企业与其下属企业之间的快速信息交流，建立的一套覆盖企业各级单位、从局部到整体的安全生产管理系统。

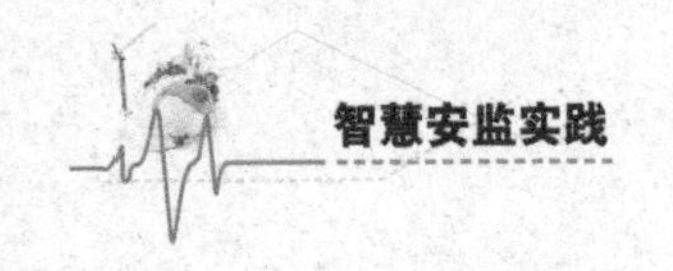

7.1 企业安全生产信息化建设的目标与价值

7.1.1 企业安全生产信息化建设的目标

企业安全生产信息化建设的总体目标是建立企业的安全生产信息化管理系统，实现企业的安全生产跟踪、监督检查、制度规范等工作的信息化，提升安全生产的工作效率，细分目标主要有以下几点：

① 实现企业与所属各级单位安全生产管理信息的互联互访，形成一个上下协同、信息共享、动态监管的安全生产管理信息化网络；

② 实现企业及其各级所属单位的安全生产数据、信息的实时填报、逐级审批、自动分类汇总、自动对比分析、预测预警、纠错提示等功能；

③ 上级单位实时访问下级单位的安全生产数据和信息，以追溯数据的真实性和准确性；

④ 实现重大突发安全生产事故、应急事件信息在企业总部与企业所属各级单位间的适时、直接传递；

⑤ 实现与企业人力资源、生产运营和财务等系统相关数据的共享；

⑥ 预留现场安全生产监测监控信息系统接口；

⑦ 实现管控程序、工作流程的小范围动态调整；

⑧ 实现各级单位的安全生产应急管理；

⑨ 实现各级单位安全生产隐患排查治理。

7.1.2 企业安全生产信息化建设的价值

1. 为安全信息建立统一的基础平台

企业安全生产信息化建设的价值是：为企业建立一个基于安全生产标准与规范的“基础平台”，如图 7-1 所示；按照统一的数据编码标准和数据结构标准，建立管理标准、工作标准、技术标准数据库；实现安全生产管理核心业务的信息管理数据化、信息交换网络化、文档管理一体化、业务流程规范化、信息处理标准化；

实现安全管理基础信息的“统一管理、统一修订、统一发布”。

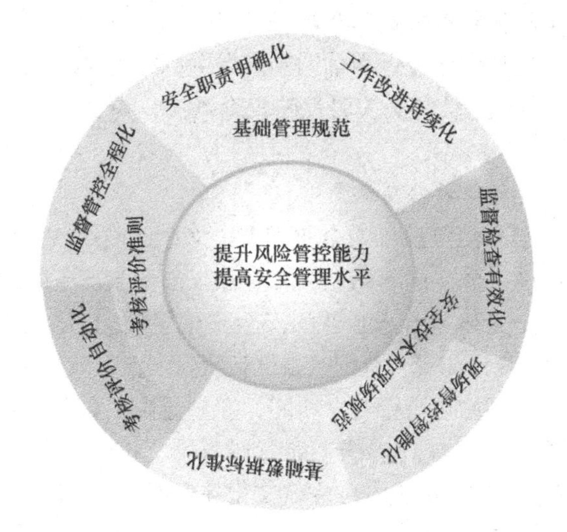

图7–1　企业安全生产信息化建设的基础平台示意

2. 为安全业务构建协同的执行平台

为安全业务构建协同的执行平台是企业安全生产信息化建设的另一价值体现。执行平台以“法律法规和其他要求”“企业安全生产标准化规范”等为输入，把各项制度、标准及工作计划，通过程序固化落实到相关工作岗位，明确各级工作岗位的工作任务，实现相关岗位的业务功能。

执行平台通过工作流驱动各项工作任务的执行，实现闭环管理，从而使不同层面的工作人员在统一、协同的平台上完成各自的工作任务，实现安全生产管理工作的过程化和规范化。

3. 为安全管理提供有效的监管平台

企业安全生产信息化建设的价值还体现在业务监管层面，即充分依托信息技术的支持，实现对业务执行情况的统计、查询、汇总和分析，使各级安全管理人员的监督方式发生改变：从结果性监督转换为过程性监督；从现场督查转化为线上时时监管，从而能够及时、准确地掌握各项安全工作的完成情况和现场管控状态。

当未按时完成任务或现场状态出现异常时，系统自动发出安全管理运行异常的提示（如未按时进行日常检查、某项设施存在安全隐患、隐患整改超时等），并提供异常信息的追溯功能，对问题项可追溯至具体岗位或具体的设备设施，加强监督和管控业务。

4. 为辅助决策提供可靠的支持平台

企业安全生产信息化建设可为辅助决策提供可靠的支持平台。辅助决策支持平台可提供全方位的运行监控，实时反映安全动态，为安全管理工作监管和决策提供支持。

5. 为安全文化建设提供信息化支撑

企业安全生产信息化建设可为企业的安全文化建设提供信息化支撑：面向企业的所有员工，建设安全文化网站，宣传企业在安全生产中所取得的成绩；传播安全知识，弘扬安全文化，营造企业的安全文化氛围；鼓励全员参与安全管理，加强职工的自主学习意识和安全意识，强化自我管理，有效预防各类事故的发生。

企业的安全文化网站可设置安全新闻、安全通告、安全板报、安全活动、虚惊事件、事故案例、安全法规、安全标准、规章制度、操作规程、安全教育课程、职业健康知识、安全常识等频道，为安全文化建设提供信息化支撑平台。

7.2 企业安全生产信息化系统的建设内容与功能架构

7.2.1 企业安全生产信息化系统的建设内容

企业安全生产信息化系统的建设内容见表7-1。

表7-1 企业安全生产信息化系统的建设内容

序号	项目	描述
1	安全生产目标	实现企业各级单位安全生产目标的制订、逐级审批（考核目标子项审批），填报完成情况及动态监测监控，自动对比分析结果，并能通过相关信息将功能预警信息推送至相关责任人
2	机构与人员管理	实现企业各级单位安全生产组织体系的管理，包括安全生产委员会、主要负责人、分管领导、安全监管机构与人员、安全专家、特种作业人员以及一般作业人员等信息；支撑证明材料的实时录入、传递、审查、自动汇总、自动预警等功能

（续表）

序号	项目	描述
3	安全生产投入	实现企业各级单位安全生产投入预算及费用使用情况的实时填报、逐级审批及核查、自动汇总，以及安全生产实际投入与预算的对比分析、自动预警功能
4	法律法规与安全管理制度	建成包括企业各级单位的安全生产管理制度库，以及国家、行业相关法律法规及标准检索资料库
5	安全生产教育培训	包括企业各级单位安全生产教育培训计划的在线制定、逐级审批，完成情况与证明材料的在线录入、自动汇总、对比分析、自动预警等功能，建立教育培训题库，实现在线考试和资料共享
6	作业安全管理	实现直接生产经营单位高危作业方案制订、审批以及在线申报，技术交底、自动分类、自动汇总，实施及监控情况的在线录入，上级单位在线监督审查、自动预警等功能
7	生产设备设施	针对各种设备设施的安全生产管理工作
8	检查与隐患管理	包括企业各级单位安全检查计划的在线录入、审批及逐级审查，检查记录、隐患及整改通知书、整改情况的在线录入、审查，计划完成情况检查，隐患及整改情况自动汇总对比分析，自动预警等功能
9	应急与救援管理	实现突发事件的在线实时报送，应急预案及应急物资清单、应急演练计划与实施情况的在线录入、逐级审查等功能
10	安全生产事故管理	实现安全生产事故按流程处理，以及事故的自动分类汇总、自动对比分析、自动预警等功能，建立并共享事故案例库
11	危险源管理	记录危险源、危化品，以及重大危险源的信息和处理方式
12	职业健康管理	登记员工职业健康状况、劳保物品配置情况等
13	绩效评定和持续改进	根据系统设定的各项指标与收集的各项数据，实现企业各级单位安全生产绩效在线评定与自动考核、自动汇总、自动排名历年安全生产指标自动对照分析等功能
14	其他辅助功能	为了配合系统的主要建设内容，本系统还需要建设以下几个辅助功能模块，包括统一用户管理、安全生产文化建设、安全生产预测预警、重要信息推送和工作提醒、地图导航等

7.2.2 企业安全生产信息化系统的功能架构

企业安全生产信息化系统的功能架构应根据企业安全生产信息化系统的建设内容进行规划。以下以某企业安全生产管理信息化系统架构为例进行简要介绍。

某集团安全生产管理信息化系统架构

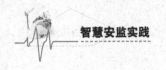

某集团安全生产管理信息化系统架构如图 7-2 所示。

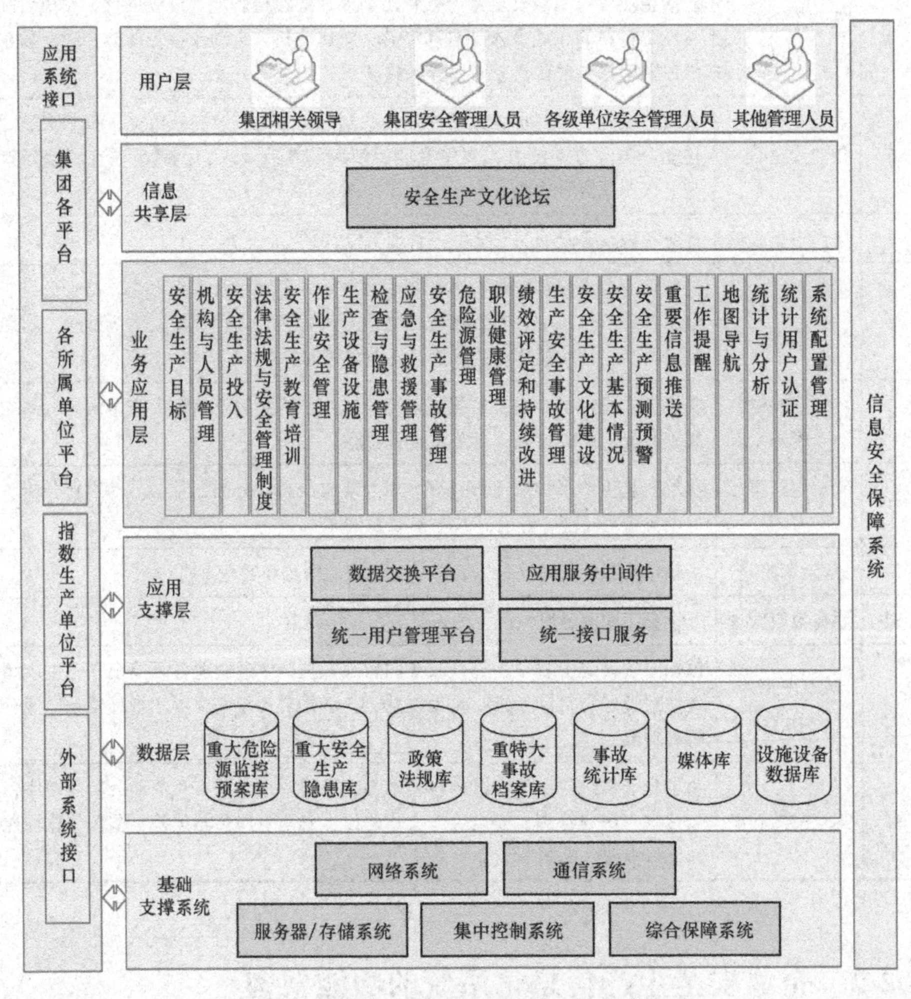

图7-2 某集团安全生产管理信息化系统架构

某企业安全生产管理信息化系统架构

某企业安全生产管理信息化系统架构如图7-3所示。

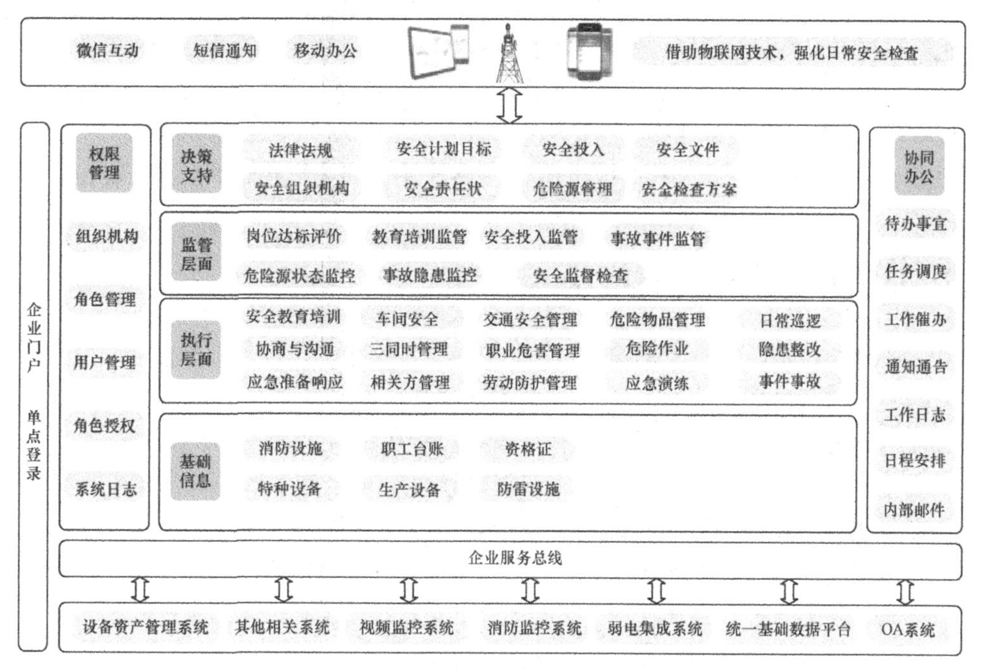

图7-3　某企业安全生产管理信息化系统架构

7.2.3　企业安全生产信息化系统的技术架构

企业安全生产信息化系统可采用组件化、面向服务对象的设计开发模式和分层结构的技术体系架构，采用以业务为驱动的自顶向下逐层设计的方法进行总体设计。系统的技术架构既要便于项目各子系统或功能模块的独立开发和关联整合，也要便于在整体大环境下进行系统的整合集成。

企业安全生产信息化系统采用B/S模式，支持集群方式部署。

7.3 企业安全生产信息化系统常见的业务功能模块

企业安全生产信息化系统常见的业务功能模块包括安全生产目标模块、安全生产机构与人员管理模块、安全生产投入模块、法律法规与安全管理制度模块、安全生产教育培训模块、作业安全管理模块、生产设备设施模块、安全检查与隐患管理模块、应急与救援管理模块、安全生产事故管理模块、危险源管理模块、职业健康管理模块、绩效评定和持续改进模块共13个主要模块和其他辅助功能模块。

7.3.1 安全生产目标模块

安全生产目标模块主要实现企业年度各项安全生产目标计划的制订、发布与目标完成情况的跟踪考核，以及安全生产责任分解与落实情况的跟踪管理，及时帮助领导发现工作目标或工作责任执行过程中出现的异常情况，确保年度各项安全生产目标和责任落实到位。该模块还可实现企业各级单位安全生产目标的在线制订、逐级审批、在线填报情况动态监测监控、自动对比分析、自动预警等功能。该模块包括年度安全生产工作要点子模块、目标制订与分解子模块、目标完成对比分析子模块。

1. 年度安全生产工作要点子模块

年度安全生产工作要点子模块的具体功能如图7-4所示。

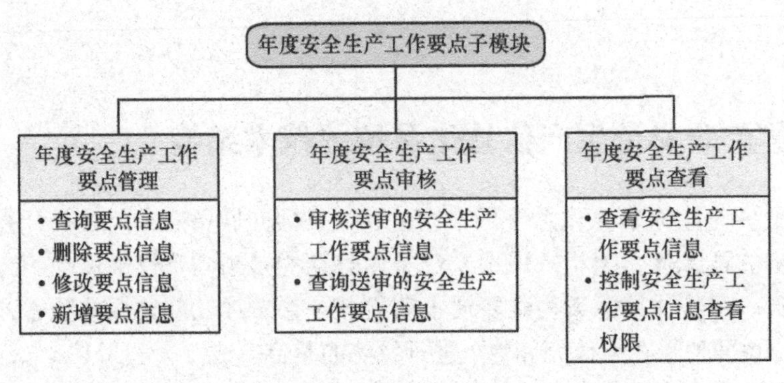

图7-4 年度安全生产工作要点子模块的具体功能

2. 目标制订与分解子模块

目标制订与分解子模块可实现企业生产目标（包括事故指标和管理指标）的定制与分解，以及相关的管理，主要实现的功能如图 7-5 所示。

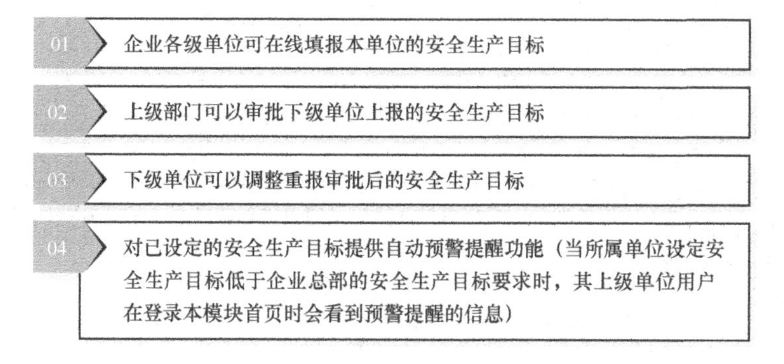

01
企业各级单位可在线填报本单位的安全生产目标
02
上级部门可以审批下级单位上报的安全生产目标
03
下级单位可以调整重报审批后的安全生产目标
04
对已设定的安全生产目标提供自动预警提醒功能（当所属单位设定安全生产目标低于企业总部的安全生产目标要求时，其上级单位用户在登录本模块首页时会看到预警提醒的信息）

图7-5　目标制订与分解子模块的功能

注：①事故指标以销售收入（亿元）、职业病发生率、群体性事件数、环境污染事故数、火灾事故数、危险化学品管理事故数来衡量。

②管理指标以年度安全生产重点工作（企业安全生产标准化达标、安全管理及应急体系整改情况）完成率，安全生产责任书的覆盖率，主要负责人、分管安全生产负责人、安全专职管理人员及特种作业人员持证上岗率，特种设备检验合格率，安全教育培训计划完成率等来衡量。

3. 目标完成对比分析子模块

目标完成对比分析子模块可实现企业各级单位对安全生产目标完成情况的在线填报、统计和分析，具有以下三方面的功能：

① 企业各级单位可在线填报制订的目标与分解后的目标完成情况；

② 上级单位可查看与审查填报的结果；

③ 系统自动统计对比企业各级单位的安全生产目标值与完成值。

7.3.2　安全生产机构与人员管理模块

安全生产机构与人员管理模块实现对企业各级单位安全生产组织体系的在线管理，具体包括安全生产委员会、主要负责人、分管领导、安全监管机构与人员、安全专家、特种作业人员以及一般作业人员的信息及证明材料的实时录入、传递、审查等功能，实现与企业人力资源系统的对接。该模块包括安全生产管理组织机构、安全生产管理组织机构职责、人员管理和分包商管理 4 个子模块，具体模块说明见表 7–2。

表7–2　安全生产机构与人员管理模块的功能说明

序号	子模块	功能说明
1	安全生产管理组织机构	实现企业各级单位在线编辑本单位的安全生产管理组织机构的功能，以及上级单位查看、审查编辑后的内容的功能
2	安全生产管理组织机构职责	管理安全生产管理组织机构的职责信息，主要有以下三方面的功能： ① 企业各级单位可以在线填报安全生产委员会、安全监管机构职责等信息； ② 上级单位可以实时查看、审查填报的信息； ③ 在审查操作时对缺少证明文件的信息，系统会予以预警提醒
3	人员管理	在线填报、实时查看、审查和汇总统计企业各级单位人员信息，具体有以下几个方面的功能： ① 企业各级单位可在线填报本单位安全生产相关人员的信息； ② 上级单位可实时查看、审查该信息； ③ 实现与企业人力资源系统的对接； ④ 对主要负责人、分管领导、安全生产部门负责人、专职安全管理人员、安全生产专家、特种作业人员以及一般作业人员等人员的信息进行自动汇总； ⑤ 在上级单位审查时，系统会对未取得安全生产管理资格证书的负责人、分管安全生产负责人、专职安全管理人员的信息进行预警提醒管理； ⑥ 人员管理中的工伤保险信息与职业健康模块关联，可查看人员缴纳工伤保险的信息； ⑦ 系统自动统计直接生产经营单位人员数量、安全生产管理人员数量、特种作业人员数量、特种作业人员所占比例等信息
4	分包商管理	在线填报、实时查看和审查企业各级单位的分包商信息，具体有以下4方面的功能： ① 企业各级单位可在线填报本单位分包商名称、分包工程项目、负责人信息、资质证明文件信息（分包商营业执照、安全生产许可证、负责人证书等）； ② 上级单位可以查看、审查操作填报的信息； ③ 对分包商及其人员可进行黑名单管理操作，企业总部对于该操作拥有设置权限； ④ 若企业所属单位使用了黑名单中的分包商，系统可以对企业总部进行预警提醒

7.3.3 安全生产投入模块

安全生产投入模块可实现企业各级单位安全生产投入预算及费用使用情况的在线填报、逐级审批与核查，以及安全生产实际投入与预算的对比分析、自动预警等功能。安全生产投入模块包括安全生产投入预算子模块和安全生产实际投入子模块，如图 7–6 所示。

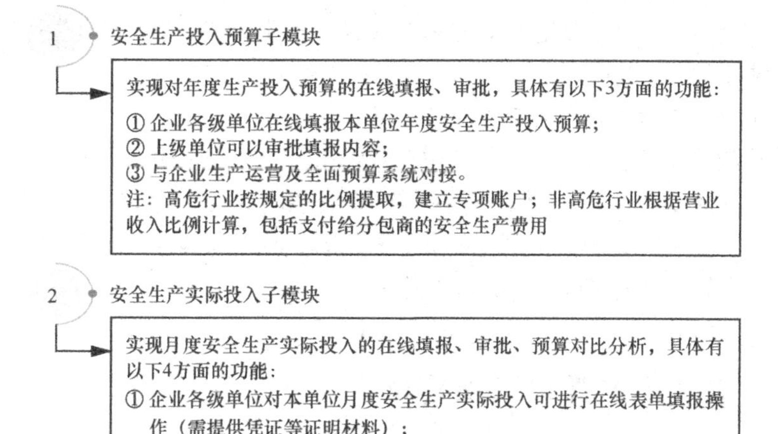

图7–6 安全生产投入模块的功能说明

7.3.4 法律法规与安全管理制度模块

法律法规与安全管理制度模块包括安全生产法律法规管理子模块、安全生产标准管理子模块和安全生产管理规章制度管理子模块，如图 7–7 所示。

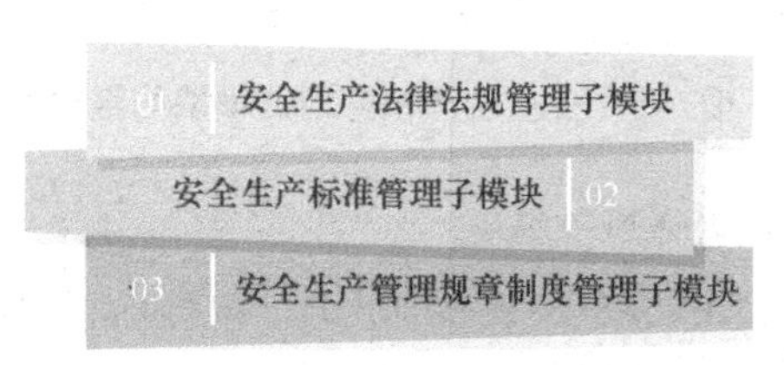

图7–7 法律法规与安全管理制度模块的组成

1. 安全生产法律法规管理子模块

该子模块主要实现企业各级单位在线编辑和上传安全生产法律法规信息和附件等操作，以及形成安全生产法律法规资料库，方便用户在线录入、下载、查看和更新；还可实现对安全生产法律法规的登记和编辑，以及关键字索引查询；提供安全生产法律法规查看接口，供其他模块调用。

2. 安全生产标准管理子模块

该子模块主要实现企业各级单位在线编辑和上传安全生产标准信息和附件，形成安全生产标准资料库的功能，用户可以在线录入、下载和查看相关标准；还可实现安全生产标准的登记和编辑以及关键字索引查询；提供安全生产标准查看接口，供其他模块调用。

3. 安全生产管理规章制度管理子模块

该子模块主要实现企业各级单位在线编辑和上传安全生产管理规章制度信息和附件，形成安全生产管理规章制度资料库，用户可以在线录入、下载和查看；还可实现安全生产管理规章制度的登记和编辑，以及关键字索引查询；提供安全生产管理规章制度查看接口，供其他模块调用。

7.3.5 安全生产教育培训模块

安全生产教育培训模块提供企业各级单位安全生产教育培训计划的在线制订、逐级审批，以及完成情况与证明材料的在线录入、自动预警等功能，并可建立教育培训题库，实现在线考试和资料共享。安全生产教育培训模块包括 4 个子模块，如图 7-8 所示。

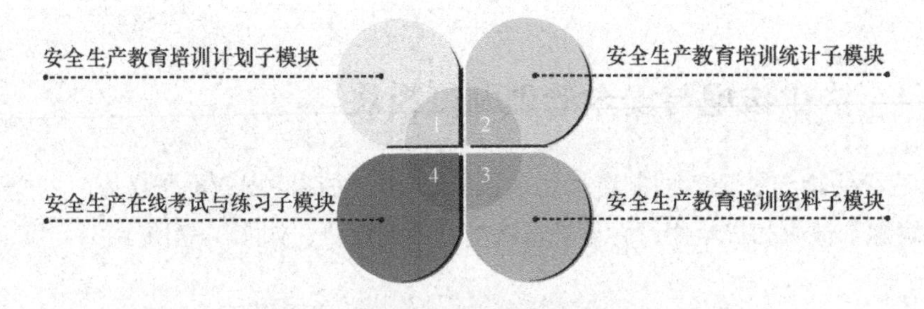

图7-8 安全生产教育培训模块的组成

1. 安全生产教育培训计划子模块

该子模块实现安全生产教育培训计划的在线制订、查看和审查，具体有以下两个方面的功能：

① 企业各级单位可在线制订本单位安全生产教育培训计划；

② 上级单位可实时查看、审核其下级单位制订的计划。

2. 安全生产教育培训统计子模块

该子模块实现企业管理安全生产教育培训完成情况的目标，具体功能如下：

① 企业各级单位可在线填报本单位安全生产教育培训完成情况；

② 上级单位可实时查看、审查填报的内容；

③ 系统自动汇总各类培训的次数、人数和合格率，实现培训完成情况与计划的对比分析；

④ 上级单位审查时，若完成情况信息缺少证明材料，系统会给予预警提醒。安全生产教育培训完成情况信息包括全员、专项（包括危险源）等信息，需提供培训记录、考试等证明材料。

3. 安全生产教育培训资料子模块

该子模块提供安全生产教育培训资料库的录入、下载、查看和更新功能，以实现培训资料的共享。

安全生产教育培训资料子模块主要实现企业各级单位根据本单位特点分类上传本单位培训资料的功能，实现相关资料和培训资料的共享。该子模块还提供安全生产教育培训资料信息的新增、修改、删除和查询功能。

4. 安全生产在线考试和练习子模块

该子模块实现单元模块化的在线考试和在线练习功能，不同用户的具体功能不一样，如图 7-9 所示。

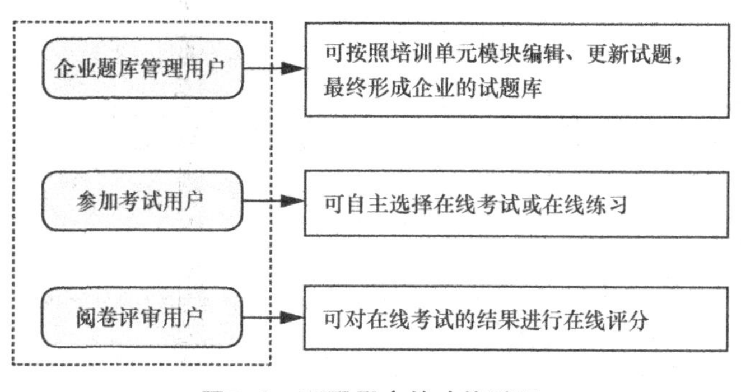

图7-9　不同用户的功能说明

安全生产在线考试和练习子模块主要实现考试和练习试题的在线自动生成，以及在线考试和在线练习，并可记录考试和练习的成绩。该子模块主要提供安全生产考试试卷、安全生产在线练习、安全生产在线考试、安全生产成绩查询等功能。

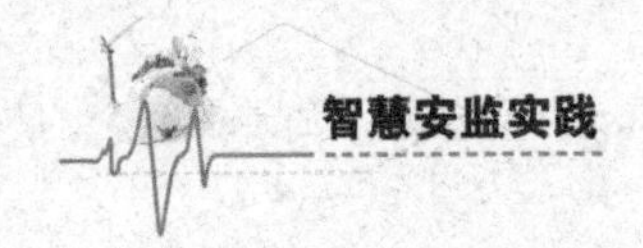

该子模块还包括安全生产考试题库管理功能，该功能主要实现有题库编辑权限的企业用户可编辑管理考试题库的目标，题库要以各单位的培训资料分类编写，便于安全生产在线考试和练习使用。该功能提供安全生产考试试题信息的新增、修改、删除和查询操作。

7.3.6　作业安全管理模块

作业安全管理模块包括高危作业类型子模块、高危作业审批统计子模块、高危作业实施及监控统计子模块，可实现直接生产经营单位高危作业类型、数量、方案的制订、审批以及在线申报、技术交底、自动分类、实施及监控情况的在线录入，上级单位在线监督审查、自动预警等功能。

1. 高危作业类型子模块

该子模块实现直接生产经营单位在线录入本单位高危作业类型清单操作功能，以及上级单位实时查看、审核操作的功能。

高危作业类型子模块还实现高危作业类型的制订和审核，审核通过的高危作业类型才能在高危作业工作中实施。该子模块提供高危作业类型信息的新增、修改、删除、查询和高危作业类型审核等功能。

2. 高危作业审批统计子模块

该子模块实现对高危作业信息的申请、审批和统计，具体功能如图 7-10 所示。

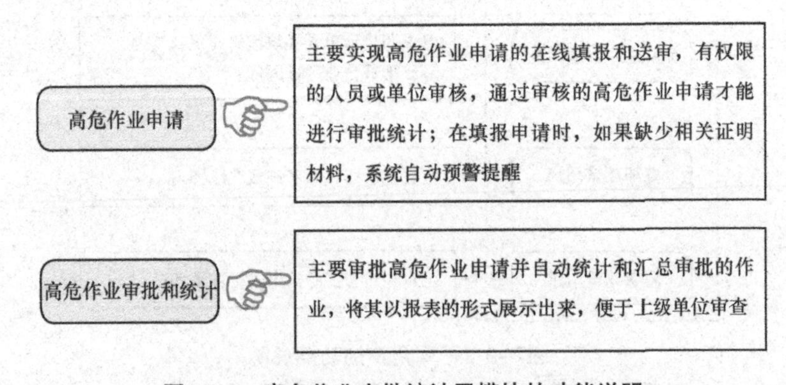

图7-10　高危作业审批统计子模块的功能说明

3. 高危作业实施及监控统计子模块

该子模块实现对高危作业实施及监控情况信息的管理和统计，具体功能如图 7-11 所示。

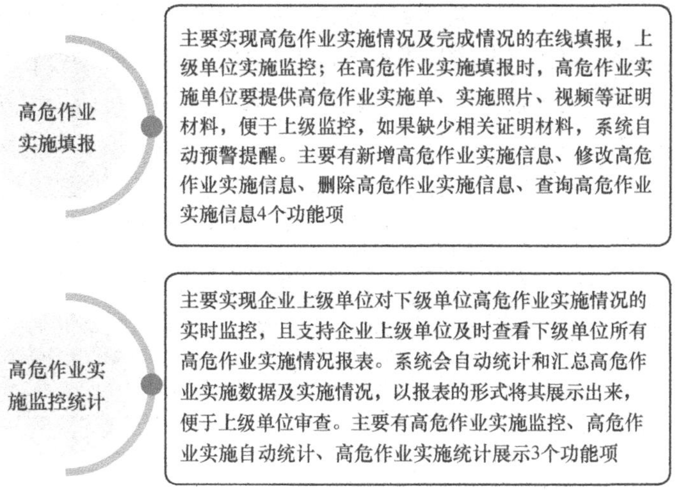

高危作业实施填报

主要实现高危作业实施情况及完成情况的在线填报，上级单位实施监控；在高危作业实施填报时，高危作业实施单位要提供高危作业实施单、实施照片、视频等证明材料，便于上级监控，如果缺少相关证明材料，系统自动预警提醒。主要有新增高危作业实施信息、修改高危作业实施信息、删除高危作业实施信息、查询高危作业实施信息4个功能项

高危作业实施监控统计

主要实现企业上级单位对下级单位高危作业实施情况的实时监控，且支持企业上级单位及时查看下级单位所有高危作业实施情况报表。系统会自动统计和汇总高危作业实施数据及实施情况，以报表的形式将其展示出来，便于上级单位审查。主要有高危作业实施监控、高危作业实施自动统计、高危作业实施统计展示3个功能项

图7-11 高危作业实施及监控统计子模块的功能说明

7.3.7 生产设备设施模块

生产设备设施模块实现对生产设备设施的相关信息的录入、传递、审查、自动分类汇总、自动预警等功能，具体内容如下：

① 直接生产经营单位可录入生产设备设施的相关信息；

② 上级单位可审查录入的信息；

③ 直接生产经营单位可获取本单位特种设备数量、合格率、特种设备使用周期、检验周期等内容的自动汇总信息；

④ 根据特种设备的使用周期、检验周期，系统可提前对生产经营单位进行预警提醒；

⑤ 若特种设备使用周期不符合规定或在规定周期内没有定期检验，系统给予预警提醒。

注：生产设备设施的相关信息包含特种设备类型、数量、合格率、检验周期和当前状态等信息及证明文件。

7.3.8 安全检查与隐患管理模块

安全检查与隐患管理模块可实现企业各级单位安全检查计划的在线录入、审

批及逐级审查，检查记录、隐患及整改通知书、整改情况的在线录入、审查，检查计划完成情况、隐患及整改情况的自动汇总对比分析、自动预警等功能。该模块包括安全检查计划子模块、安全检查记录子模块、隐患登记子模块和隐患整改子模块，如图 7-12 所示。

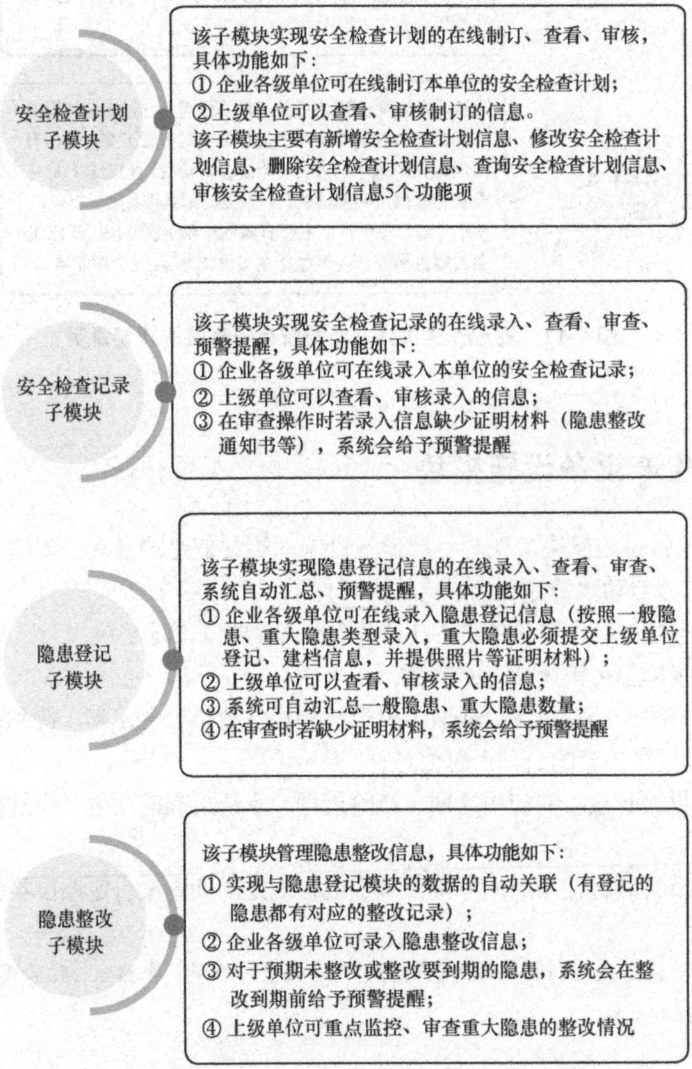

安全检查计划子模块
该子模块实现安全检查计划的在线制订、查看、审核，具体功能如下：
① 企业各级单位可在线制订本单位的安全检查计划；
②上级单位可以查看、审核制订的信息。
该子模块主要有新增安全检查计划信息、修改安全检查计划信息、删除安全检查计划信息、查询安全检查计划信息、审核安全检查计划信息5个功能项
安全检查记录子模块
该子模块实现安全检查记录的在线录入、查看、审查、预警提醒，具体功能如下：
① 企业各级单位可在线录入本单位的安全检查记录；
② 上级单位可以查看、审核录入的信息；
③ 在审查操作时若录入信息缺少证明材料（隐患整改通知书等），系统会给予预警提醒
隐患登记子模块
该子模块实现隐患登记信息的在线录入、查看、审查、系统自动汇总、预警提醒，具体功能如下：
① 企业各级单位可在线录入隐患登记信息（按照一般隐患、重大隐患类型录入，重大隐患必须提交上级单位登记、建档信息，并提供照片等证明材料）；
② 上级单位可以查看、审核录入的信息；
③ 系统可自动汇总一般隐患、重大隐患数量；
④ 在审查时若缺少证明材料，系统会给予预警提醒
隐患整改子模块
该子模块管理隐患整改信息，具体功能如下：
① 实现与隐患登记模块的数据的自动关联（有登记的隐患都有对应的整改记录）；
② 企业各级单位可录入隐患整改信息；
③ 对于预期未整改或整改要到期的隐患，系统会在整改到期前给予预警提醒；
④ 上级单位可重点监控、审查重大隐患的整改情况

图7-12　安全检查与隐患管理模块的功能说明

7.3.9 应急与救援管理模块

1. 救援基础信息管理系统

救援基础信息管理系统利用 Web 和 GIS 技术实现对企业厂区范围内矢量化地理信息的管理（含 3D 模型），使相关人员可形象、全面地了解企业各个关键装置、设备、救援物资的具体位置，以及重大危险源和重大安全隐患的分布情况，方便管理人员动态监管，并可帮助其指导日常的安全管理工作，为应急救援提供全面的地理信息支持。救援基础信息管理系统具备的功能见表 7-3。

表7-3 救援基础信息管理系统的功能说明

序号	功能	说明
1	厂区及周边人员的分布管理	能够动态管理厂区内各个车间、作业区、岗位等场所的人员分布情况，同时动态管理厂区周边1km～2km范围内的相关居民区、工厂、学校、事业单位等机构的分布情况，以便在日常应急管理时，能够将准确的信息通知到有关部门；在事故发生时，能够及时疏散相应区域的人员
2	厂区及周边主要道路的分布管理	能够动态管理厂区主要道路分布、消防通道以及厂区周边主要道路和消防通道的分布情况
3	厂区内所有建筑物及主要生产装置的分布管理	能够管理厂区内主要的办公、生产、库房等建筑物的分布位置，同时数字化管理需要重点监控的生产、储存装置的分布位置，并建立3D装置模型，为应急救援提供更直观的数字化管理手段
4	厂区内主要管线的分布管理	数字化处理厂区内架空、地面及埋设等管道走向和分布信息，建立装载易燃、易爆、有毒介质的管道的数字化管理体系
5	厂区内重大危险源的分布管理	在地图上准确标注厂区内贮罐、库房、压力容器、压力管道、危险生产场所等重大危险源的分布位置，相关人员通过地图能够方便地查阅各个重大危险源的装置、介质、工艺等详细信息
6	应急救援物资的分布管理	准确标注厂区内和周边分布的各类洗消剂、消防设备、起重设备、防护器具等救援物资的分布位置，相关人员能通过地图方便地查看物资的基本信息、保管信息和储量信息等

2. 应急救援物资管理系统

该系统能够动态化管理各类应急救援物资，实现方便、灵活的物资管理（增加、删除、修改）及查询统计功能。

系统能够随时查询物资的储存情况，对于需要定期保养或过期更换的物资，能自动给出提示。当物资超过有效期或库存不足以满足应急救援需求时，系统能够自动报警，便于及时补充相应的物资。

3. 应急救援人员管理系统

系统能够根据预案中描述的应急救援组织结构和流程，分类管理应急救援人员，及时管理和维护（添加、修改、更新）人员基础信息，保障在发生重大事故时，系统可根据应急救援人员基础信息中的联系方式迅速通知相关人员；同时，系统能够根据事故的类型和岗位情况，为应急救援人员提供所需装备的信息及现场救援指定位置的信息。

4. 应急救援培训考核系统

该系统的作用是实现对企业内所有员工的安全培训、考核，同时为预防安全事故的发生提供有效的信息技术支持。该系统具备以下功能：

① 添加、更新安全法规、安全知识、应急救援岗位职责、应急救援过程中的个人防护、急救知识等内容；

② 能够自动生成测试试卷并对相关人员进行网上考核，同时可统计、查询考核情况；

③ 记录针对演习中发现的问题所采取的改进方法或措施，记录演习效果的评价。

5. 应急救援案例管理系统

该系统的主要功能是收集、存储与企业重大危险源相关的重大事故应急救援的方法、措施及整个救援过程的音视频等资料，以及日常组织演习的全部资料，具备以下功能：

① 能够方便查询应急救援案例，相关人员可通过系统观看案例中救援的全过程（多媒体格式）；

② 能够对重大事故应急救援过程进行整理归档；

③ 能够对国内外典型的重大事故应急救援案例进行归档管理（增加、修改、查询）。

6. 事故扩散模拟系统

该系统采用国内领先的重大事故模拟分析模型定量化模拟分析企业厂区内可能发生的重大火灾、爆炸等事故，从而计算出各种事故的人员伤亡情况以及事故破坏和影响的范围，并可结合事发时的气象条件在电子地图上显示事故的影响范围，自动搜索出不同事故影响区域内需要疏散的作业区。

7. *救援方案自动生成系统*

该系统能够根据事故现场的情况、事故扩散模拟结果、地理环境、实时气象条件等信息，自动生成由救援方案、物资调度方案、人员疏散方案、应急恢复方案等组成的应急救援方案。

8. *虚拟应急演练系统*

该系统采用先进的虚拟现实（Virtual Reality，VR）技术和强大的虚拟引擎，能够通过仿真各类火灾、爆炸、泄漏等灾害场景及紧急状态下的人员疏散和现场救援状况，方便地建立虚拟事故场景，在接近于实战的虚拟事故场景中进行重大事故应急救援的协同演练，以达到评估预案本身效果的目的，方便及时发现预案中的不足，为预案的完善提供建议，并将演练全过程导入预案案例库。

9. *应急救援通信系统*

该系统具备多电话通信平台和短信平台的接口，以便自动地以群发群呼的方式下达事故通报、通知和命令，其中，短信通过电信运营商的网络发送。系统还可自动查询、统计接收人员对短信的接收和阅读情况，对所有的通信情况自动进行数字记录。

应急救援短信群发系统是为安全生产应急救援开发短信群发系统，它可以充分利用电信运营商提供的手机短信服务功能，发送各种与安全生产相关的短信；可完成短信息群组发送、分组发送、定时群发等功能，提高救援效率，降低救援成本。

7.3.10 安全生产事故管理模块

安全生产事故管理模块主要实现对安全生产事故的基本情况、人员伤亡情况、财产损失情况、事故调查处理情况的管理。该模块能够对企业已经发生的安全事故案例进行数据管理，并通过统计分析，预测分析出不同类型的事故在不同时间内的变化情况，帮助企业及时采取对应的安全管理措施预防相关安全事故的发生。

该模块实现企业各级单位事故的在线实时报送，事故的自动分类汇总、自动对比分析、自动预警等功能，并可建立及共享事故案例库。该模块包括 4 个子模块，如图 7-13 所示。

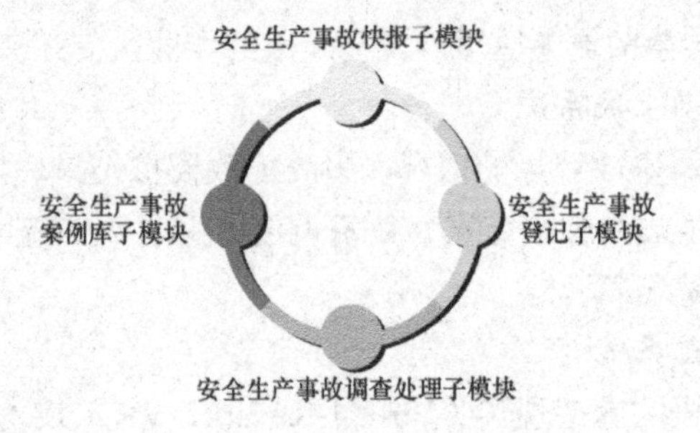

图7-13　安全生产事故管理模块的组成

1. 安全生产事故快报子模块

安全生产事故快报子模块完成企业各级单位在线录入等操作，录入信息主要包括事故发生单位的名称、事故发生时间、事故类型、简要经过、伤亡人员情况和财物损失情况等。该子模块主要实现安全生产事故快报信息的新增、修改、删除和查询等功能。

2. 安全生产事故登记子模块

安全生产事故登记子模块实现对事故详细信息的在线录入、实时查看、审核、自动汇总、预警提醒，具体功能如图 7-14 所示。

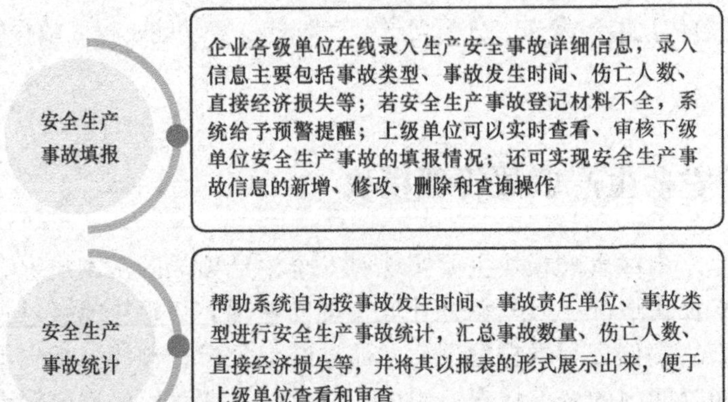

安全生产事故填报

企业各级单位在线录入生产安全事故详细信息，录入信息主要包括事故类型、事故发生时间、伤亡人数、直接经济损失等；若安全生产事故登记材料不全，系统给予预警提醒；上级单位可以实时查看、审核下级单位安全生产事故的填报情况；还可实现安全生产事故信息的新增、修改、删除和查询操作

安全生产事故统计

帮助系统自动按事故发生时间、事故责任单位、事故类型进行安全生产事故统计，汇总事故数量、伤亡人数、直接经济损失等，并将其以报表的形式展示出来，便于上级单位查看和审查

图7-14　安全生产事故登记子模块的功能说明

3. 安全生产事故调查处理子模块

安全生产事故调查处理子模块根据事故调查处理权限可完成安全生产事故调查处理结果的在线录入，录入信息主要包括事故调查成员、事故经过、事故原因、事故性质、责任认定、处理措施及整改措施等。在调查处理安全生产事故时，系

统根据事故类型和事故性质自动提示所属单位、直接生产经营单位、分厂相关责任人的责任，并启动约谈程序。上级单位可以实时查看、审查下级单位安全生产事故的调查处理情况。该子模块还可实现生产安全事故调查信息的新增、修改、删除和查询功能。

4. 安全生产事故案例库子模块

安全生产事故案例库子模块主要完成安全生产事故案例的在线编辑和案例资料的共享。其中，安全生产事故案例可以是文字、图片、视频等形式，有权限的用户可以新增和更新案例，其他用户可以查看安全生产事故案例。该子模块可实现安全生产事故安全案例信息的新增、修改、删除、查询和共享功能。

7.3.11 危险源管理模块

危险源管理模块主要用于分类管理企业的重大危险源、一般危险源和新增危险源，同时通过国家规定的重大危险源的有关辨识、评价分级方法和标准对本企业的各类危险源进行辨识、分级，通过重大危险源控制水平评估模型评估确定各重大危险源的风险等级，为企业建立基于风险分级结果的重大危险源风险管理体系，从而提高单位动态管理危险源的能力，预防和减少特大和重大安全事故的发生。

该模块实现企业各级单位重大危险源、一般危险源及管控措施（三级危险源监控措施和四级危险源应急预案）等信息的实时填报、审查、自动分类汇总、自动预警等功能。该模块包括危险源辨识评价子模块、重大危险源管理子模块。

1. 危险源辨识评价子模块

该子模块实现对危险源汇总清单的在线录入、实时查看、审查、自动汇总、预警提醒，具体功能如下：

① 企业各级单位可在线录入本单位的危险源汇总清单；

② 上级单位可以实时查看、审查录入的信息；

③ 系统可自动汇总各级危险源数量。

注：作业危险性分析方法指标包含危险源的L值（事故发生的可能性）、危险源的E值（暴露在危险环境中的可能性）、危险源的C值（事故产生的后果）、危险源的D值（风险程度）。

2. 重大危险源管理子模块

该子模块实现对重大危险源信息的在线录入、实时查看、审查、自动汇总、预警提醒，具体功能如图7-15所示。

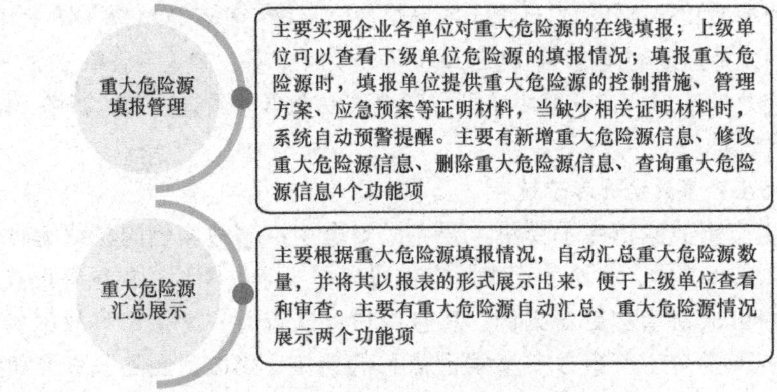

重大危险源填报管理

主要实现企业各单位对重大危险源的在线填报；上级单位可以查看下级单位危险源的填报情况；填报重大危险源时，填报单位提供重大危险源的控制措施、管理方案、应急预案等证明材料，当缺少相关证明材料时，系统自动预警提醒。主要有新增重大危险源信息、修改重大危险源信息、删除重大危险源信息、查询重大危险源信息4个功能项

重大危险源汇总展示

主要根据重大危险源填报情况，自动汇总重大危险源数量，并将其以报表的形式展示出来，便于上级单位查看和审查。主要有重大危险源自动汇总、重大危险源情况展示两个功能项

图7-15　重大危险源管理子模块的功能说明

7.3.12　职业健康管理模块

职业健康管理模块在线管理企业各级单位环境保护与职业健康体系，具有职业健康体检、职业危险因素申报、流行病管理、劳动防护用品、体系认证、工伤保险 6 个子模块，可实现实时录入、传递、审查、自动汇总、自动预警等功能。

1. 职业健康体检子模块

职业健康体检子模块实现企业各级单位对本单位职业健康体检信息（包括体检日期、体检人数、是否存在职业病及职业病人数）的在线录入，上级单位可实时查看、审查录入的信息。该子模块主要有新增职业健康体检信息、修改职业健康体检信息、删除职业健康体检信息和查询职业健康体检信息 4 个功能项。

2. 职业危险因素申报子模块

职业危险因素申报子模块实现企业各级单位对本单位职业危害信息（包括粉尘、化学毒物、放射性物质现场监测点数、接触人数、是否达标等信息及其相关证明材料）的在线录入，上级单位可实时查看、审查录入的信息。该子模块主要有新增职业危险因素申报信息、修改职业危险因素申报信息、删除职业危险因素申报信息和查询职业危险因素申报信息 4 个功能项。

3. 流行病管理子模块

流行病管理子模块实现企业各级单位在线录入本单位流行病信息（包括流行病名称、感染人数及应急措施）的功能，上级单位可实时查看、审查录入的信息。该子模块主要有新增流行病信息、修改流行病信息、删除流行病信息和查询流行病信息 4 个功能项。

4. 劳动防护用品子模块

劳动防护用品子模块实现企业各级单位对本单位劳动防护用品信息（劳保用品发放类型、标准及数量、检验合格证明）的在线录入、自动配备判断（系统自动提示是否符合配备标准）、预警提醒（缺少合格证明或不符合标准时）功能。

5. 体系认证子模块

体系认证子模块实现企业各级单位在线录入本单位职业健康、环境保护体系认证通过情况及数量的功能，上级单位可实时查看、审查录入的信息。该子模块主要有新增体系认证信息、修改体系认证信息、删除体系认证信息和查询体系认证信息 4 个功能项。

6. 工伤保险子模块

工伤保险子模块实现企业各级单位在线录入本单位、外包单位的投保金额和投保人数等信息的功能，上级单位可对录入的信息进行实时查看、审查操作。该子模块提供个人工伤保险购买情况查看接口，可供其他相关模块调用查看。该子模块主要有新增工伤保险购买信息、修改工伤保险购买信息、删除工伤保险购买信息、查询工伤保险购买信息、工伤保险购买与预算 5 个功能项。

7.3.13 绩效评定和持续改进模块

绩效评定和持续改进模块可实现企业各级单位安全生产绩效在线评定与自动考核、自动汇总、自动排名，历年安全生产指标自动对照分析等功能，包括绩效评定子模块和持续改进子模块。

1. 绩效评定子模块

企业各级单位根据本单位安全生产绩效考核的规定，实现所属单位安全生产绩效在线评定与自动考核、自动汇总、自动排名等功能。

2. 持续改进子模块

企业各级单位根据其他 12 个模块重点指标的历年安全生产指标数据，实现自动对比及分析，为改进措施的制订提供数据依据。持续改进子模块用于实现系统模块数据收集，历年生产指标对照分析，持续改进的意见展示等功能。

7.3.14 其他辅助功能模块

本系统还需要建设以下几个辅助功能模块，以完善整个系统的功能，从而打造一个安全、高效、先进的安全生产管理系统。

1. 统一用户管理模块

统一用户管理模块实现管理信息系统的用户信息、系统角色信息和系统部门信息的登记。该模块采用权限分配方案，即给用户分配角色，给角色分配权限，严格控制用户的访问权限，实现对信息权限越界及相关信息不一致问题的管理。统一用户管理模块的具体功能划分如图 7-16 所示。

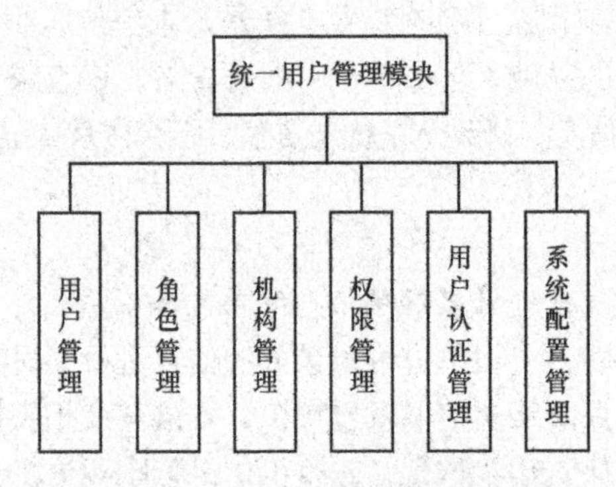

图7-16　统一用户管理模块的功能

2. 安全文化建设模块

安全文化建设模块实现企业各级单位的安全生产动态信息的在线发布和浏览功能，具体内容如下：

① 各级用户均可实时在线了解最新的安全生产动态；

② 企业各级单位可在线发布安全活动的相关策划方案和相关通知等，下级单位用户登录本系统后可实时接收上级单位的安全文化活动通知，并实现在线实时反馈；

③ 为企业各级单位设置安全文化论坛，各级用户可在线沟通交流，用户可以在论坛上分享和讨论存在的安全生产问题、安全生产管理经验等。

④ 企业各级单位可在线管理各类收文、发文，并根据各单位的实际业务需求分类汇总各类文件，汇总结果以表格的形式展现。

安全文化建设模块为企业内部提供了一个开放的共享和交流平台，全面展示企业及所属各级单位的安全文化活动建设情况、建设风采，为提高企业各级单位的安全意识及建立安全文化资料库打下坚实的基础。该模块主要提供安全生产动态新闻、安全生产活动通知、安全生产文化论坛、信息报送与传达（安全报表自动分类汇总）功能。

3. 安全生产预测预警模块

安全生产预测预警模块实现对企业各级单位提交的安全生产数据的综合分析

功能，具体内容如下：

① 对比分析企业各级单位提交的安全生产数据与安全生产指标数据；

② 采集、汇总分析、综合发布企业各级单位安全生产的预警数据；

③ 得出企业各级单位安全生产的预测和预警标准，为企业各级领导决策提供支撑和参考。

安全生产预测预警模块主要包括预警指标管理、预警数据采集、预警信息发布和问题整改4个功能。

4. 重要信息推送和工作提醒模块

重要信息推送和工作提醒模块推送和提醒企业各级单位安全生产事故、突发事件、重大隐患、重要指令等重要信息，并可根据权限和信息种类以界面弹窗、声音提醒、滚动信息提醒、邮件提醒等方式进行提醒。

5. 安全生产基本情况模块

安全生产基本情况模块集中展现企业各级安全生产的信息，具体功能如下：

① 集中展现安全生产目标、安全检查与隐患管理、安全生产投入、应急与救援管理、危险源管理等模块的数据；

② 对比展示汇总的数据，最终将结果以图表的形式展示出来；

③ 将安全生产情况按照不同维度、不同时间段（如年度、季度、月度）展示。

7.4 企业安全生产信息化系统的智能App、微信应用

随着智能手机的普及，微信得到了广泛的应用。企业把微信技术引入安全管理系统，可实现全员参与安全工作、强化自我管理的目的。

7.4.1 安全宣传

企业通过App或微信将安全文化网站上的事故案例、安全小常识、安全新闻、安全通报等内容发送到职工的手机，营造安全文化氛围，加强职工的安全意识。每个职工都可以通过App或微信，提出安全提案或合理化建议。

7.4.2 安全检查

每个职工都可以通过系统完成安全检查登记，并将单据上传到 App 或微信端。企业使用 App 或微信进行安全检查，将发现的隐患及其现场图片通过 App 或微信上传到系统，实现全员参与安全管理。

系统中的安全检查模块做好安全检查计划，生成安全检查方案，启动后形成检查单，之后自动发送微信信息通知给本次的检查人员。检查人员可以在计算机或者在手机微信上完成安全检查。

检查人员打开检查工单，界面显示本次检查的计划方案信息：检查计划和方案的名称、检查类型、受检单位、参检部门和参检人员等。界面底部有“添加隐患”和“扫描区域”两个按钮，单击“添加隐患”可以录入隐患信息。

7.4.3 危险作业审批、监督

企业通过 App 或微信可以录入危险作业的审批和监督信息。

企业在微信上可实现危险作业的申报、审批、监督、收尾等工作流程。

7.4.4 安全事故处理

企业通过 App 或微信可以实现事故隐患的提报 / 下达和整改验收等处理。

通过隐患排查等方式发现的事故隐患，可在隐患现场直接通过 App 或微信被提报 / 下达，这样不仅能节省记录的时间，也能减少工作量。隐患的处理过程可全程通过 App 或微信来完成，包括提报 / 下达、转发、整改、验收等环节，各个环节均支持上传图片，以记录现场的实际情况。

第三篇

案 例 篇

第8章

安全监管信息平台案例

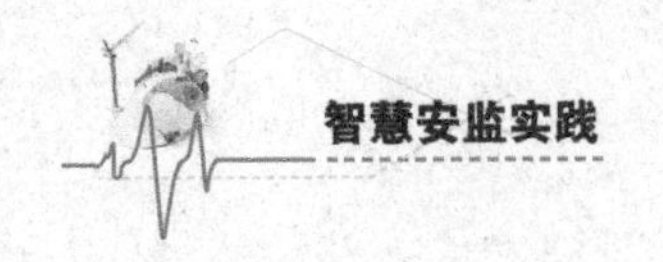

8.1 案例概述

为进一步提高安全生产动态监管能力，建立高效灵敏、反应快捷、运行有效的安全监督管理体系，形成一个互联互通、动态管理、责任落实、预警监管、处置顺畅有力的安全监管工作格局，提升安全监管科技化、信息化的水平，特编制此部分案例。安全监管信息平台可以更好地利用监控预警系统为企业安全生产监督提供服务，提供监控、预警手段，从而使企业有效预防各类安全隐患的出现，将安全事故抑制在萌芽状态，为社会和企业提供一个安全的生产环境。

8.2 技术简介

安全监管信息平台的系统架构如图 8-1 所示。

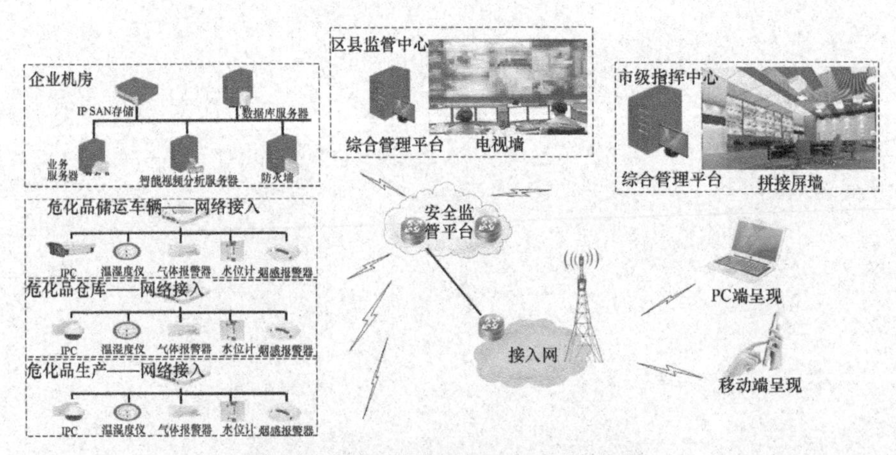

图8-1 安全监管信息平台的系统架构

该平台是利用现有或者新部署的监控摄像头实现视频监控的分析、预警以及逐级推送，并且集合 PC 客户端、手持客户端以及大屏显示客户端等多终端应用的高集成系统。

1. 安全监管前端采集系统

接入服务器是安全监管前端采集的重要设备，主要利用低码流视频服务技术，通过网络连接，将接入的高清网络摄像机以及各类传感器不断产生的视频流和数据流进行压缩处理，从而实现手机在 4G、5G、Wi-Fi 网络下流畅观看 720P、1080P 的实时高清视频，达到远程监控的目的。接入服务器具有良好的兼容性，能兼容所有支持 Onvif 2.0 协议的前端设备和主流品牌的设备，可广泛用于商铺、办公室、幼儿园、酒店等场所。

2. 处理分析系统

（1）客户端监管系统

安全监管信息平台主要针对管理部门本身的需求开发，是实现视频实时监控，实现及时应对处理安全事故的监管平台。

（2）手机移动终端监管系统

手机移动终端监管系统可方便具备相应等级的管理人员随时随地了解安全状况，并及时发现不安全因素，并且确保管理人员能在第一时间收到事故发生的报警信息。整个安全监管信息平台的事故发生推送机制是通过手机和平台双向推送的。

（3）分级推送与处理机制

分级推送与处理机制采用险情分级推送与处理方式，如图 8-2 所示。具备相应权限的人员可在第一时间发现险情并及时处理，如未及时处理则迅速向下一级推送，直至整个层级推送完成或者事故在某一层级得到及时处理。

图8-2　分级推送与处理机制

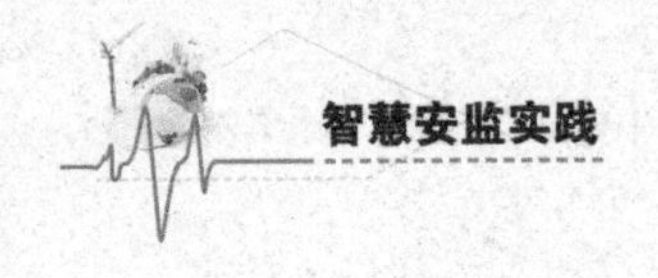

8.3 应用实例

1. 设计目标

安全监管信息平台的设计目标如图 8-3 所示。

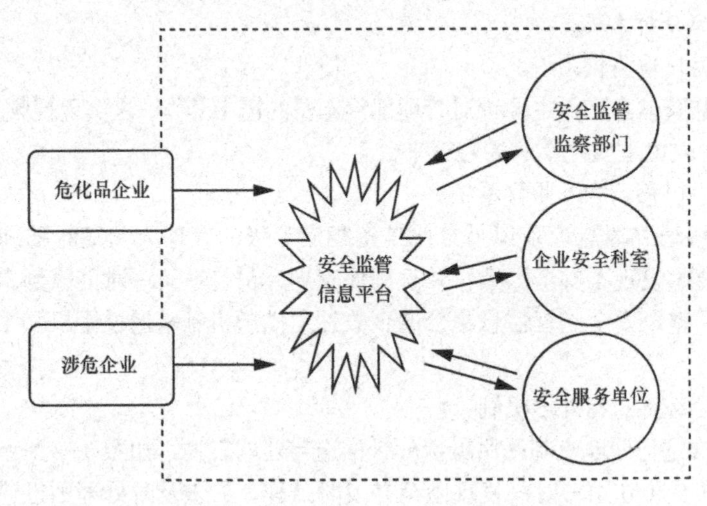

图8-3 安全监管信息平台的设计目标

监管监察部门基于全市危化品企业及涉危企业上报的数据，制订安全生产环境监督标准，明确各类安全点的监控要求，并规范数据传输接口标准；进一步加强数据传输的能力，做到对各监控点设备以及视频与数据的实时监控；加强对实时数据的管理与整合，以大数据分析为契机，进一步提升安全生产监督在事故预防、灾难救治等方面的能力。

2. 设计原则

为满足安全监管信息平台的应用和管理需求，平台构架和应用必须遵循以下原则。

（1）标准原则

安全监管信息平台实时视频监控要采用分层次开放式的体系架构，选用标准化的接口和协议，尽量遵循国际标准。系统架构必须满足未来视频监控系统业务发展的可扩展性以及稳定性，系统建设必须统一规划，统一标准。

（2）系统扩展性原则

规划组建新的视频监控系统，可为本系统提供扩展性，只要相关资源足够，系统的扩展就不会受到限制，可根据需要任意增减监控系统前端设备的数量。

（3）系统安全原则

安全监管信息平台的设备必须满足可靠性和安全性的要求，设备选型不能选试验产品，要选先进的市场主流产品，能保证系统不间断运行。对关键的设备、数据和接口应采用冗余设计，系统要具有故障检测、自动恢复等功能。要确保网络环境下信息传输和数据存储的安全，保障系统的安全可靠，避免出现系统遭到恶性攻击或数据被非法窃取的现象。本系统能对各监控点进行实时的监控、录像，并采用对称和非对称的加密方式对数据进行加密处理，因此能为事后取证提供可靠的保障。

（4）系统管理原则

安全监管信息平台要体现资源共享、快速反应、一体化运行的特征。监管机构必须加强对系统运行、应用的监督管理，管理原则如下：

① 统一授权管理；

② 同级机构的用户经上级机关授权，根据权限可以浏览其他同级机构所辖的视频监控系统的相应监控点的实时图像和历史图像；

③ 所有用户对所有监控点的实时图像和历史图像的操作都必须在管理中心认证并由管理中心集中审核和管理。

（5）全网应用能力

平台具备全网应用能力，并能根据联网监控规模的变化扩缩；能够根据用户需求的变化快速响应，随业务、信息、视频、技术的发展而不断自我完善。

（6）视频业务基本原则

平台具有完整的视频应用功能，这些功能包括图像实时显示、实时录制、实时回放、报警通知等。

3. 平台系统安全

安全监管信息平台承载着大量的视频监控业务，这些业务是基于IP网络的，安全性是系统首要考虑的问题。除了基本的防攻击、防非法侵入、防病毒等要求之外，还需要保证只有合法用户可以访问和使用视频监控系统提供的业务，保证用户只能管理自己设置的监控点的监控前端设备，查看有权限使用的监控点的视频监控图像；保证用户保存在系统中的视频文件的安全，不会被其他用户或系统管理员私自查看。

安全监管信息平台的安全性具有以下两个特点。

一是登录验证的安全性。用户登录时，需要输入系统分配的用户名和密码。

认证系统对其进行验证，以判断用户是否有权使用此系统；用户进行安全认证，身份验证的资料来源于集中规划的数据库，数据库管理着视频监控系统的所有用户的身份资料；用户使用用户名和密码正确登录门户系统后，门户将会维护该用户的会话信息，用户由此使用系统提供的视频监控服务，高效的认证机制使非法用户无权使用视频监控系统。

二是用户权限的安全性。平台可实现层次化的多用户认证管理和用户分级别管理；不同级别的用户有着不同的操作权限，大大提高了系统的安全性。

4. 平台技术架构

整个平台由中心管理服务器、流媒体转发服务器、网关接入服务器、数据库服务器、密钥管理服务器、校验管理服务器、智能分析服务器等组成，可实现视频分发、集中存储、集中控制、用户管理、权限管控、业务统计、业务分析等多种功能。

安全监管信息平台的设计充分考虑视频监控系统的需求，完全贴合用户需求。平台的技术架构保证了系统的稳定性和弹性，使之易于规模扩展和功能扩展。

安全监管信息平台的技术架构如图 8-4 所示。

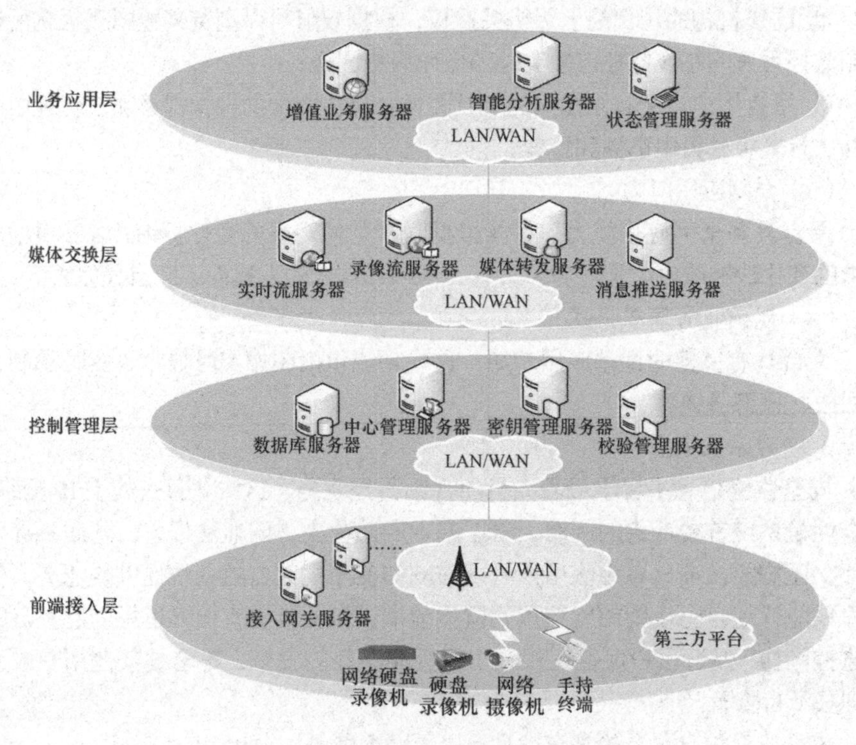

图8-4　安全监管信息平台的技术架构

① 前端接入层：通过接入网关服务器连接多个厂商的前端设备，兼容不同设备的差异性，为媒体交换层和控制管理层提供统一的接口。

② 控制管理层：由中心管理服务器、密钥管理服务器、校验管理服务器和数据库服务器组成，其中，中心管理服务器实现了消息的路由、分发和处理，并负责与其他服务器的通信。

③ 媒体交换层：由实时流服务器、录像流服务器、媒体转发服务器和消息推送服务器组成。所有实时流的复制、分发、录制，以及历史视频的查看都在这一层完成。这一层数据量最大，通过部署多个媒体分发服务器可以有效支撑大规模的应用。

④ 业务应用层：由状态管理服务器、智能分析服务器以及可定制的增值业务服务器组成，可实现用户的业务逻辑。

5. 平台软件功能

安全监管信息平台的软件功能如图 8-5 所示。

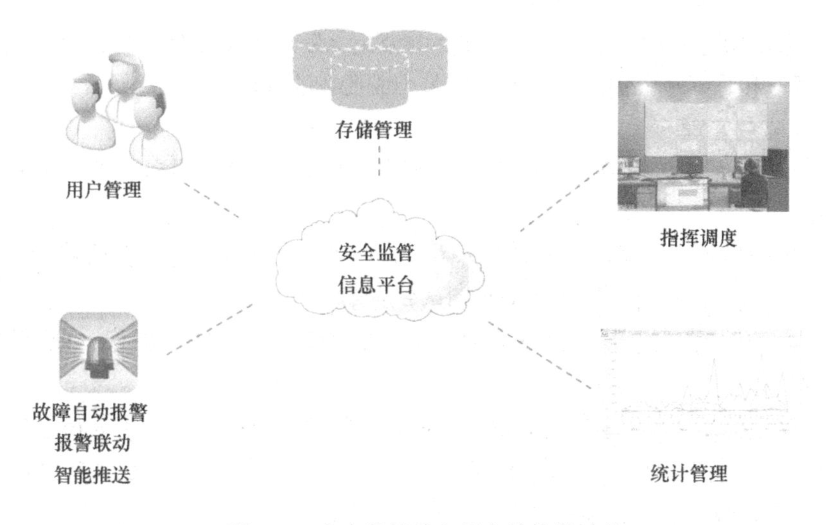

图8-5　安全监管信息平台的软件功能

（1）用户管理

① 用户登记注册：支持系统所有用户的登记注册功能，注册信息包括用户名、密码、用户级别、手机号码、电子邮箱、所属机构等；可冻结和恢复用户账户；支持用户信息全网自动同步。

② 用户优先级管理：支持优先级管理。

③ 用户权限配置：可针对任意用户设置精细化权限，例如可为每个用户设置

使用摄像头的权限。

④ 用户鉴权认证：登录平台的用户都需要身份认证，以保证接入的安全性；所有用户操作都采用令牌机制，并可对令牌加密；支持 MAC 地址绑定登录、IP 地址绑定登录等。

（2）设备管理

设备管理可对平台所有设备进行注册登记、合法性认证与管理；支持批量设备导入、导出；支持设备信息同步；支持设备及通道参数的查询与远程配置。

（3）存储管理

存储管理支持前端设备存储、PC 式网络硬盘录像机存储、嵌入式网络硬盘录像机、连续式录像机存储 4 种存储方式。

① 录像策略配置：支持对平台所有存储设备进行管理，支持录像计划的配置，可设置存储方式、存储位置、存储时间段、录像类型、码流类型等。

② 录像补录：当存储服务器检测到通道所在设备连接异常时，登记补录信息，一旦设备连接正常，就开始执行补录。

③ 录像锁定与解锁：支持录像文件的锁定，防止关键录像文件被覆盖；支持对指定通道和时间范围内的已锁定录像单个或批量的解锁。

（4）告警管理

平台支持系统接收所有告警消息，包括 I/O 报警、移动设备报警、智能分析报警等。

① 告警显示：接收的报警信息按照接收到的时间从晚到早在列表中展示；同时收到多个报警信息时，按照警情级别优先显示。

② 告警联动：支持多种告警联动方式，联动动作包括弹出图像、地图闪烁、声音报警、报警文字 / 视频叠加。

③ 关联信息查看：报警接收消息可显示在报警信息栏中，监管人员选择有关联信息的报警消息，可查看报警消息所关联的图片或录像，同时在回放录像时可以执行快进、暂停、单帧前进、裁剪、抓图等操作。

④ 告警处理：对于告警信息，值班人员可以输入告警信息、警情确认信息并保存，将已处理过的报警和未处理过的报警信息以不同的颜色区分列出，其中未处理的报警信息高亮显示。

⑤ 告警信息管理：所有报警信息自动保存到数据库，工作人员可以统计、查询和打印，可以通过报警事件检索录像资料。

对于在告警列表中的告警信息，工作人员可以直接单击定位到预览列表树上的感知点，从而直接找到感知点。

（5）日志管理

日志管理支持平台日志、用户日志、设备日志、报警日志的查询与导出。

（6）视频基础应用功能

① 视频基础应用功能：通过 C/S 客户端和 B/S 客户端，能够单画面或多画面显示实时的视频图像；支持 1、4、6、9、16 画面等不同画面的显示方式；还可以支持 6、8、10、13、14、17、22、25 画面多种规格画面的组合显示方式；有中屏显示和全屏显示两种显示方式可供选择。

② 主码流、子码流切换功能：在预览列表树和预览窗口的右键菜单中添加主子码流切换功能，单击码流切换，可进行主码流、子码流的切换。

③ 图像的电子放大功能：浏览图像时，选择电子放大功能，可以放大某区域的图像画面。

④ 画面切换：有手动切换、自动切换两种方式。

⑤ 画面文字显示：包括组织机构、标识、通道名称、日期与时间和触发类别等。

（7）录像计划

平台可以让用户根据自身的业务需要预设录像计划，以备份各种事件的记录。

（8）视频图像抓拍

① 抓拍功能：操作者在实时监看视频图像或者在回放视频录像时，发现可疑行为和重要线索时可抓拍或抓录图像，还可以选择单张抓拍或者连续抓拍。

② 抓图保存及查看：在抓图预览界面，操作者可以选中某张图片复制，然后粘贴；抓拍后，系统提示抓图结果并提供快捷查看功能。

（9）录像回放

回放时可实现单画面、4 画面、剪辑、抓帧和下载等操作。系统支持即时回放、常规回放、分段回放和事件查找、标签回放、秒级定位等功能。

1）即时回放

在预览画面时，值班人员发现有异常行为，可以立即回放刚才发生的情景录像。

该功能可实现按时间或大小保存回放数据：如果按时间保存可以选择时间长度，如 30s、1min、3min、5min；如果按大小保存可以选择保存回放数据的大小，如 2MB、5MB、10MB。

2）常规回放

该功能可实现：选择所要回放的通道，可以多通道同时回放；选择回放录像的日期和时间段；选择所要回放的录像类型，如计划录像、动测录像、手动录像和报警录像；可搜索所要回放的录像片段，同时，不同类型的录像会以不同的颜色区分；回放录像时，可对录像进行剪辑、抓图和下载等操作。

3）分段回放

同一路通道的录像资料，可分为几个不同的时间片段来回放，方便快速查找所需的录像段。

4）事件查找

根据事件查找录像，事件类型是感知点的各类报警或者设备的输入报警，如移动侦测、视频遮挡、设备外接的红外探头等各类报警事件。出现这些报警的时候，会产生相应的报警录像，事后，相关人员可以根据报警的类型和时间快速查找录像。

5）标签回放

支持对感知点的某段时间内录像数据添加标签，并支持对已经被标记的录像进行查询和回放；支持模糊查询录像数据标签信息，方便查找重要的视频信息，同时支持对录像数据标签的删除功能。

6）秒级定位

具备高精度、灵活的录像搜索引擎，录像回放可精确定位到秒级。

（10）移动监控

移动监控是固定监控的一种补充手段，用户可随时随地访问前端监控图像。同时，手机也可作为视频监控资源接入系统，可预览和回放录像。

（11）在线帮助

用户可以通过在线帮助模块得到在线指导。

（12）信息公告栏

信息公告有以下两种模式。

① 通过系统平台公告：通过平台发布的公告，操作人员只要登录平台就可以查看公告内容。

② 通过内部平台的个人信息平台公告。

6. 平台系统模块简介

（1）接入网关服务器

接入网关服务器位于设备端，通过网络接收前端设备的视频数据，将其解码后再经过特有的视频编码技术，重新编码成为少于原来标准码流 1/3 以上的视频数据，并上传到云流媒体服务器。

接入网关服务器的主要功能包括以下 3 点。

① 设备接入：接入网关服务器与前端设备交互，接收前端设备的注册信息，自动录入设备信息到数据库系统中；将前端设备的实时状态反馈给应用服务器。

② 负载均衡：接入网关服务器通过负载均衡能有效地解决数据流量过大、网络负荷过重的问题，充分平衡利用现有的资源。

③ 状态管理：实现对中心管理服务器的状态的维护和管理，以保证系统的可靠运行。

（2）中心管理服务器

前端设备通过网关服务器接入管理平台后，接收来自客户端的控制指令，实现外部设备和内部各模块的协议转换，并将信息转发到相应的服务器模块，形成一次内外的交互。中心管理服务器处于平台的中心管理层，协调平台内部各个模块之间的工作，监控和管理各个模块的状态。

（3）消息推送服务器

消息推送服务器可实现告警联动功能，接收来自前端设备的告警信息，并将其保存到数据库服务器中，用户可以查阅权限内的消息数据。

消息推送服务器以消息推送的方式分发告警信息给当前具备相应权限的在线用户；支持接收告警信息取消的控制；将未查看的新告警信息推送给新上线的有权限用户；支持告警信息的查询和浏览。

同时，消息推送服务器将接收到的报警消息，解析后发给特定的录像服务器，实现平台内部的报警联动。

（4）数据库管理服务器

数据库管理服务器采用MySQL数据库，实现对系统数据的统一管理和控制，以保证数据的安全性和完整性。该服务器可实现的功能如下：优化存储数据结构，数据冗余小、易扩充、查询插入效率高，并可实现数据共享；提供事务运行管理及运行日志，可实现事务并发控制及系统恢复；方便数据维护和数据库的保护，其中包括数据安全控制、数据完整性保障、数据备份、数据库重组和性能检测。

（5）媒体转发服务器

媒体转发服务器分为实时流转发和录像流转发，主要完成视频的转发和分发功能，可以完成视频的多路输入和多路输出。

① 视频转发：视频可通过媒体分发服务器被转发，访问方只要访问流转发服务器并告知要访问的前端设备，流转发服务器可代为获取视频流并转发给该访问方。

② 视频分发：一路视频通过媒体转发服务器可以被复制成多路送达不同的访问方。视频分发模块还可以处理来自应用服务子系统的录像命令，通知存储子系统，将视频流分发到存储子系统。

③ 视频压缩：系统可以根据当前客户端所使用的网络情况，自动调整视频的码流，对其重新压缩，在保证视频的清晰度的同时，保证视频的流畅性，从而提升用户的体验。

④ 可伸缩视频编码（Scalable Video Coding，SVC）：自动适应网络带宽变化，调整视频的帧率、分辨率和多码流的转换，以保证视频图像的流畅度和清晰度。

实时视频流转发示意如图 8-6 所示。

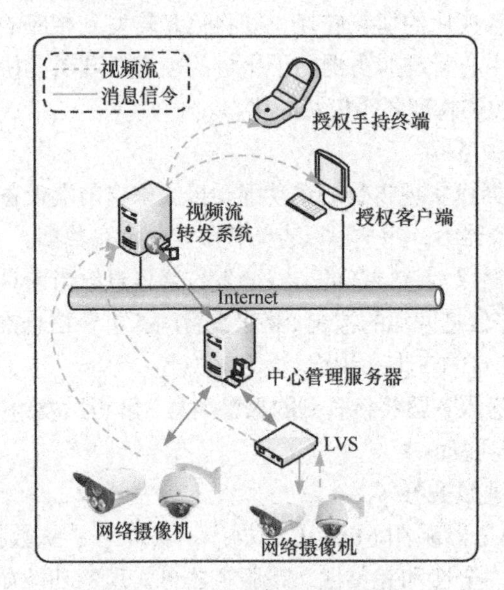

图8-6　实时视频流转发示意

（6）视频云存储服务器

视频云存储服务器的功能如下：

① 设备端无须硬盘，可实现 7×24 小时存储；

② 存储移动侦测报警录像；

③ 随时随地多终端查看视频；

④ 分享视频到微信、微博、QQ 等主流通信平台。

根据目前视频存储技术的发展方向，视频云存储服务器的建设要实现以下目标：

① 通过目前技术领先的视频云存储方式，有效解决海量数据的存储和管理以及虚拟化集中管理的问题，实现高效实用的管理及使用机制；

② 视频云存储服务器提供高速数据接口，可为智能分析系统提供视频图像智能监测、智能报警、故障自动检测等功能，保证视频图像资源的智能化应用；

③ 视频云存储服务器提供标准的运维接口，维护便捷；

④ 实现视频资源的统一管理、统一调阅、统一存储、统一服务，避免重复投

资，提升社会管理服务能力；

⑤ 采用目前国内最高标准的全数字、全高清模式建设，视频云存储服务器可实现视频数据的实时写入。

1）设计思路

视频云存储服务器需要具备高可靠、可维护的特性，并可实现视频的智能调取和应用。在设计过程中，为了使云计算系统能方便地调取视频云存储服务器中的视频数据直接分析及计算，设计人员需要重点设计视频数据块的分割方式。视频云存储服务器为用户提供了海量的存储空间，支持更多的前端路数，提供更高效的处理能力和透明的系统环境。

2）高效灵活的空间管理

视频云存储服务器具有高效灵活的空间管理能力。为了解决传统存储在存储容量和系统性能上的矛盾，在管理大容量空间时，我们通过全系统分层集群的设计虚拟化整合与管理系统的管理资源，并根据负载均衡算法提供高效并发处理机制，通过高效灵活的空间管理真正地将存储与用户需求紧密结合起来，大大地提高了视频云存储服务器的整体性能。

3）海量数据的快速检索

视频云存储服务器管理 PB 级的存储容量空间，采用一体化索引及应用设计，具备高效、准确、快速的数据检索能力。

4）持续可靠的数据服务

视频云存储服务器为用户提供 7×24 小时不间断的、高效的、可持续的数据存储服务，通过集群化设计、完善的并发服务设计，可有效保障数据安全和可靠性。

5）开放透明的兼容系统

该功能通过云的概念将所有不同类型的应用、业务接口全部封装在云内，为上层业务和用户提供统一的、透明的、可调用的系统级存储资源，并兼容标准的第三方存储设备。

6）技术实现

视频云存储服务器基于云架构开发，采用面向用户业务应用的设计思路，融合集群应用、负载均衡、虚拟化、云结构化、离散存储等技术，将网络中大量各种不同类型的存储设备通过专业应用软件集合起来协同工作，共同对外提供高性能、高可靠、不间断的数据存储和业务访问服务。

设计中的核心技术如下。

① 采用存储虚拟化技术对具有海量存储需求的用户提供透明的存储构架，实现持续扩容，从而更有效地管理资源，灵活扩缩空间，实现最大程度上合理利用空间的目的。

② 采用集群技术，解决单 / 多节点失效造成的业务中断问题，并通过负载均衡技术充分利用各存储节点的性能，提升系统的可靠性和安全性。

③ 采用离散存储技术，保障了用户高效读写和业务的持续性。

④ 采用统一完善的接口，降低对接成本、平台维护成本和用户管理的复杂度。

⑤ 采用开放的集成构架，可兼容业界各类标准的小型计算机系统接口 / 光纤通道存储设备，保护用户现有的存储投资资源。

⑥ 采用数据备份和容灾技术，保证云存储服务的安全性。

7）技术架构

视频云存储服务器的系统采用分层结构设计，整个系统从逻辑上分为 6 层，分别为设备层、虚拟层、业务层、管理层、接口层和应用层，如图 8-7 所示。

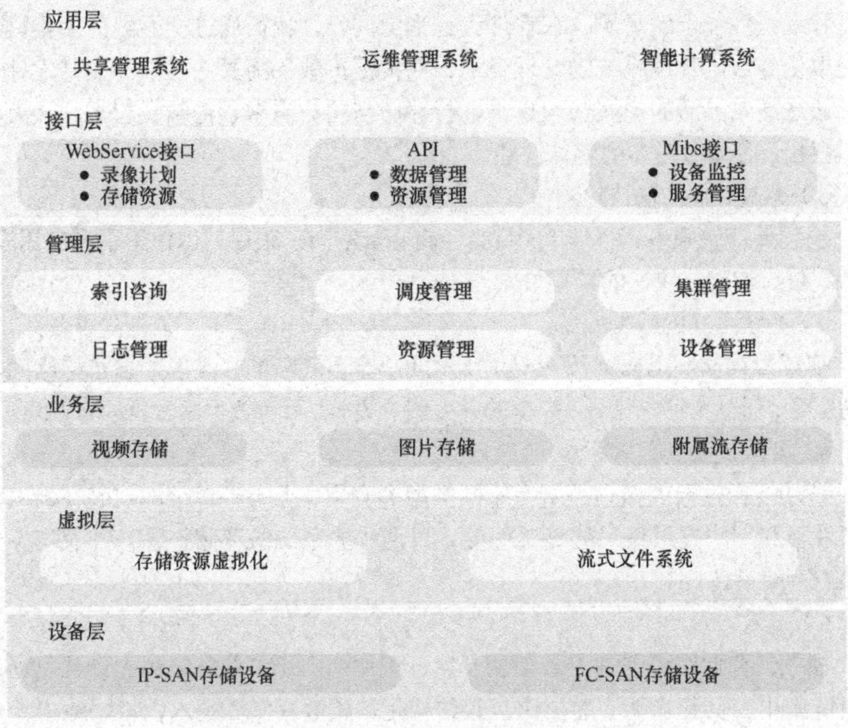

应用层
共享管理系统　运维管理系统　智能计算系统

接口层
WebService接口
- 录像计划
- 存储资源

API
- 数据管理
- 资源管理

Mibs接口
- 设备监控
- 服务管理

管理层
索引咨询　调度管理　集群管理
日志管理　资源管理　设备管理

业务层
视频存储　图片存储　附属流存储

虚拟层
存储资源虚拟化　流式文件系统

设备层
IP-SAN存储设备　FC-SAN存储设备

图8–7　视频云存储服务器的系统技术架构

（7）校验管理服务器

校验管理服务器接收客户端的接入认证请求，向客户端回传权限范围内的重要数据，这些数据包括所属组织、机构、可访问的前端、摄像头、存储设备等产生的数据；接收并处理来自客户端的各种操作命令，并将其提交给平台管理子系统作为系统日志。

（8）智能分析服务器

随着监控网络规模的扩大以及视频数据的海量增长，实时监看和录像调阅占用了大量的人力资源，视频监控工作效率低下，智能分析服务器可以改变这种局面，变被动监控为主动监控，通过配置分析参数，分析实时视频资料，并将分析结果返回到客户端。智能分析服务器的拓扑结构如图 8-8 所示。

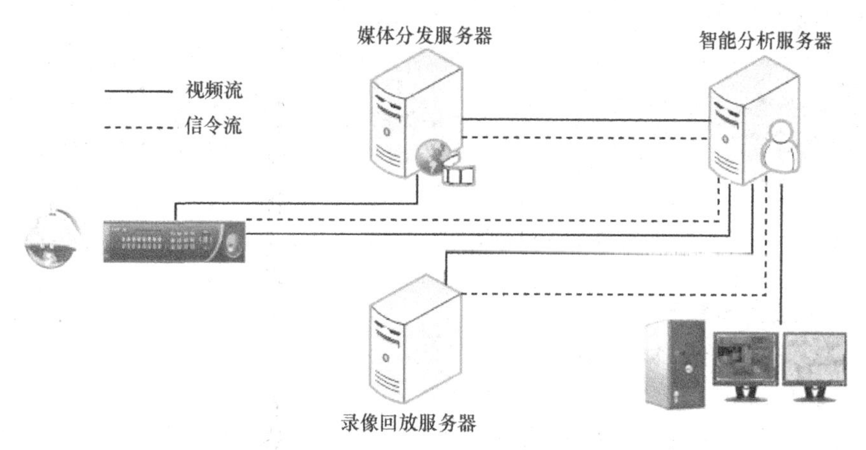

图8-8　智能分析服务器的拓扑结构

（9）密钥管理服务器

密钥管理服务器加密和解密视频流，保护用户隐私和数据安全。用户在手机端配置视频加密后，客户端会随机生成高级加密标准（Advanced Encryption Standard，AES）密钥，用于加密视频数据流，并将加密后的密码传给密钥管理服务器，密钥管理服务器通过相同的加密及解密算法对密钥进行解密，并将解密的数据与数据库对比后返回对比结果。

8.4　监管流程

安全监管信息平台的监管流程主要包括危险源数据上报、危险源数据采集、危险源实时监管、突发事件及处理、分析与评估等，监管流程示意如图 8-9 所示。

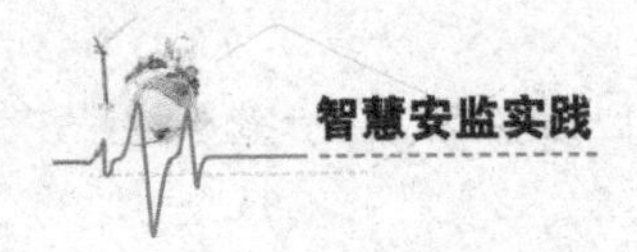

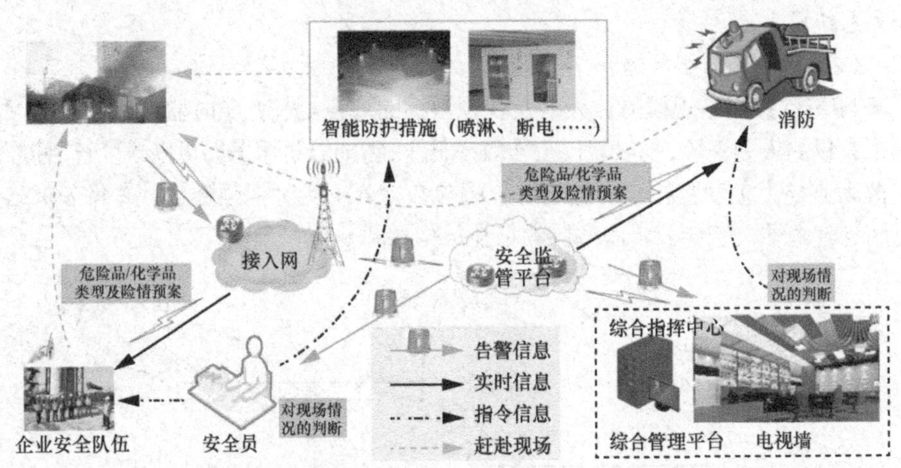

图8-9　安全监管信息平台的监管流程示意

1. 危险源数据上报

①危险源登记：根据国家安全生产要求，平台提出危险源设立申请，并登记危险源相关信息。

②数据上报：在危险源登记申请被批准后，根据市应急管理局安全生产环境要求等，建设数据采集平台，以实时查看和自动上传危险源相关数据。

2. 危险源数据采集

① 危险源采集端建设：根据市应急管理局制定的各类危险源相关建设标准，建设针对不同危险源的传感器、摄像机等数据采集平台；对于已有成熟安全系统的信息采集部分，可根据数据接口规范将其统一汇聚到数据汇聚点，进行上传与监管。

② 数据传输及汇聚：统一标准化采集端的数据，并进行编码、压缩和上传；在安全监管平台上对其进行解码、存储。

3. 危险源实时监管

平台根据PC端、移动端等客户端权限，通过互联网实时获取危险源的信息，监管各采集设备的工作情况；根据PC端、移动端等客户端权限，通过互联网实时获取各危险源的历史记录，了解和掌握危险源各项指标的变化情况。

4. 突发事件及处理

① 预警与报警：在危险源指标超过阈值的情况下，平台会产生预警信息，并将其逐级推送到指定的客户端，同时等待处理结果，根据处理指令处置。

② 处理方案：根据事故发生的环境信息，适时修正处理预案，并实时优化处理方案，推送相关指示信息到客户端，为处理人员提供参考，同时根据处理人员

的反馈信息，进一步优化处理方案给相关执行人员。

5. 分析与评估

① 大数据分析：基于大数据技术，根据气象、交通、企业人员及相关政策等多方面数据建立完善的安全监管机制，智能化各种安全预案，并针对采集端指标的变化趋势，提供实时的安全指数信息和分布信息，为监管平台监督与决策提供参考。

② 评估：基于大数据技术，系统针对各危险源提供多项安全方面的评估系数并对其不断优化，为企业及监管部门提供参考。

第9章

安全生产隐患排查治理体系

9.1 建设内容

安全生产隐患排查治理是一项系统工作，具体包括：对企业开展分类分级管理，并编制全行业的隐患排查治理标准；企业全面承担主体责任，对生产经营过程中存在的人、物、管理等各方面的隐患依据隐患排查治理标准进行主动排查，并对发现的隐患实施治理，将结果通过隐患排查治理信息系统上传下达，保证监管力度与效果，实现安全生产。

1. 企业分类分级管理的建立

分类分级管理是将不同类别的生产经营单位的安全生产状况分出等级，具有安全生产监管职责的政府部门对监管职责范围内的生产经营单位按照不同等级进行监督管理，监督管理的核心内容可被概括为“各司其职，各负其责，按类分级，依级监管”。分类分级工作明确了行业、企业、属地、专项以及综合监管部门各方的安全生产工作职责，建立了以政府监管推动企业主体责任落实的工作模式。分级分类工作的开展，有助于实现安全生产监督管理工作的“底数清”“情况明”。

2. 隐患排查标准的建立

根据《中华人民共和国安全生产法》《安全生产事故隐患排查治理暂行规定》和各地方规定，政府监管要建立科学严谨的隐患排查治理体系。所有自查标准均将安全生产事故隐患划分为基础管理和现场管理两部分，这种分类方法适用于企业开展自查自报工作。其中，基础管理类包含生产经营单位资质证照、安全生产管理机构及人员、安全生产责任制、安全生产管理制度、安全操作规程、教育培训、安全生产管理档案、安全生产投入、应急救援、特种设备基础管理、职业卫生基础管理、相关方基础管理、其他基础管理等。现场管理类包含特种设备现场管理、生产设备设施、场所环境、从业人员操作行为、消防安全、用电安全、职业卫生现场安全、有限空间现场安全、辅助动力系统、相关方现场管理、其他现场管理等。

3. 明确各级政府职责

理顺生产经营单位、行业、属地、专项以及综合监管部门的安全生产工作职责，明确履行安全职责的范围、内容和要求，解决职责空缺、职责不清、职能交叉等问题，从而形成“分工负责、齐抓共管”的安全监管工作格局，实现安全隐患排查治理监管工作的全覆盖和无缝化管理。

4. 建立功能完善的信息系统

建立安全生产隐患排查治理的信息化平台，平台主要分为政府端和企业端两部分：政府端主要包含政府监管职能，具体包括企业分类分级监管，企业上报隐患抽查、核查等；企业端主要满足企业上报隐患自查自报工作和接收监管部门通知的需求。

5. 全面开展隐患自查自报

隐患排查治理体系的日常运行需要一个比较完善的机制作为保证，运行机制主要从组织机构、工作网络、队伍和人员、管理依据、程序化实施和持续改进等方面构建。

企业在建立隐患排查治理体系的基础上，实现日常隐患排查治理工作机制的正常运行，并按上级和政府部门的有关要求开展自查，按时限规定在相关信息系统上自报，真正做到企业自查自报。

6. 建立常态化的考核机制

安全生产考核主要分为政府部门绩效考核和对生产经营单位的考核：政府部门绩效考核机制主要包括对各级政府的考核和对政府各职能部门的考核；生产经营单位奖惩机制的建立是推进企业主体责任落实、真正开展隐患排查治理自查自报工作的重要因素。

9.2 功能说明

企业作为安全生产的主体，抓安全生产主体责任就是抓依法治安，落脚点就是依法治企，构建以生产经营单位为中心的隐患排查治理体系，建立生产经营单位监管对象数据库和属地监管数据库，做到“底数清”“责任明”，解决安全生产监管底数不清、责任不明的问题，从而建立生产经营单位按类分级、按级监管的模式。

生产经营单位信息包括生产经营单位的基本信息、安全生产责任制、主要设备设施、安全生产许可证、特种设备、原料 / 中间产物 / 废弃物、安全生产持证人员、危险源信息、职业危害因素、应急信息、属地监管体系等。

1. 企业分类分级管理功能

企业分类管理是指将不同行业的生产经营单位，按照行业安全生产管理的特点进行类别划分，根据各地市企业类别分布情况及安全管理特点，划分出具体企业类型。按照“行业监管不交叉，企业监管无盲区”的原则，企业类型与行业监管部门相对应，保证所有企业有对应的行业管理部门。

安全生产分级管理是根据相关规定，对每一类型企业进行级别划分，科学设置安全生产等级评定标准，利用信息系统对企业进行评级打分；同时，针对不同级别的企业建立相应的监管规则和级别复评制度，从而建立按类分级、按级监管的安全生产监管体系。

2. 自查自报管理功能

生产经营单位是安全生产的责任主体，是安全生产隐患排查治理的主要执行者，监管机构应根据不同的监管企业类型，出台不同的管理办法和不同的上报类型（月报、季报等），建立不同的隐患自查标准，明确各类企业安全隐患自查的具体标准和要求，指导企业自查隐患，并明确需要检查的重点部位和项目。企业能够系统评估自身的安全生产状态，并按时上报企业隐患和自查情况报表。

生产经营单位按照本单位隐患排查制度组织相关人员排查本单位的事故隐患，登记、汇总排查出的事故隐患信息，以季报和年报的形式通过区县应急管理部门建设的隐患自查自报系统向相关部门上报，或通过企业自建的隐患管理系统上报给上级监管部门。其中，重大隐患信息报送给相关安全监管部门，由其挂牌监督指导。

各级应急管理部门执法人员、行业部门、属地管理部门依照隐患自查自报管理办法，针对企业上报的隐患数据，按企业类型及上报情况核查、抽查和复查，并录入抽查和核查的情况。

3. 企业端填报子系统

安全生产监督管理延伸到企业，企业自行登录安全生产隐患排查自查自报系统，及时上报企业基本信息、隐患自查自报信息，高危行业企业半月上报一次，其他行业企业一月上报一次。安全生产工作的落实以及企业隐患排查治理、风险监控等情况的及时上报，便于安全生产监管部门随时掌握企业的安全生产情况，促使企业自觉排查消除隐患，使企业主体责任得到有效落实。

企业端填报子系统可作为企业查看政府部门公文公告及通知、隐患自查自报、维护信息的平台，帮助企业提高工作效率，降低行政成本，提升服务水平。

4. 协同办公功能

协同办公功能实现属地管理部门、行业主管部门、综合监管部门等横向部门之间和上下部门之间的互联互通，上级安全生产管理部门能够向下级部门发送公告和通知，下级安全生产管理部门能够向上级部门报送各类电子文稿，横向部门能够发送各类文件，有利于各项工作的有序开展，落实各级政府部门的监管责任，实现安全生产管理的“横到边、纵到底”管理模式。

5. 统计分析功能

统计分析功能即对全市的企业信息、事故隐患、执法检查情况进行统计分析，根据统计条件筛选、查询数据，采用表、图等方式展现结果，为监管部门全面掌握隐患排查工作动态，评价安全监管形势，探索隐患发生的特点和规律以及形成安全监管决策提供数据支持。

9.3 系统目标

安全生产隐患排查治理体系的建设，是落实国务院、省（自治区、直辖市）有关安全生产隐患排查的强有力的信息化举措，是用科技化的手段进行精细化和数据化的安全生产管理，可实现安全生产的层层监管、实时监控，促进“科技兴安”战略的实施，促进应急救援和应急处置等工作的开展，全面提升安全生产工作的科技保障水平，提升企业的安全化水平。

1. 建立制度化、规范化和动态化的安全管理长效机制

安全生产隐患排查治理体系的建立和隐患排查治理信息化的建设，使得企业可登记和建档上报事故隐患排查治理信息。安全生产隐患排查治理体系是一个互联互通、资源共享的安全生产网络化监管平台，纵向贯通各级安全监管部门和企业，横向扩展到各行业管理部门，形成了统一的安全生产综合监管服务平台，全过程记录、管理企业的安全生产行为。

2. 落实政府监管责任

政府监管部门要构建“横到边、纵到底”的安全生产监管网络，建立从上到下的责任机制，明确各部门、各负责人的安全监管责任，逐步使安全生产监督管理采用网络化、科学化、精细化、信息化监管模式，有效实现政府安全监管责任，落实企业安全生产主体责任，提升人民群众的安全意识。

3. 落实企业主体责任

政府监管部门要促进企业建立隐患自主排查治理机制，在企业中大力推行安全生产标准化建设，将安全生产管理延伸到企业，由企业自行登录隐患排查系统及时上报日常监管隐患和隐患统计分析，促使企业自觉地排查消除隐患，使企业主体责任得以有效落实。

第10章

深圳市宝安区智慧安监方案

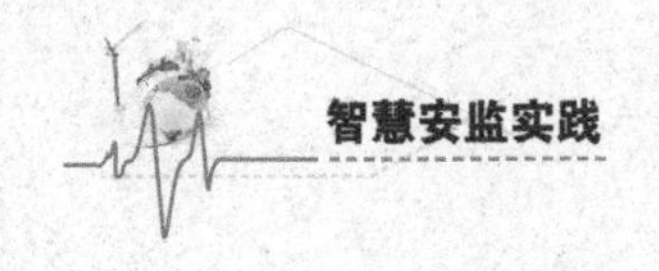

10.1　智慧安监系统的基本情况

深圳市宝安区智慧安监系统在软件方面主要包括专业巡查处置模块、企业大数据模块、执法监察模块、考核督办模块和决策分析模块。

在硬件建设方面，建立“区—街道”模式的“1+10”监控指挥中心，并给分布在全区各街道的安全员及执法人员配备巡查和移动执法终端，全面提升安监工作的信息化水平。

深圳市宝安区智慧安监系统的建立，将实现安全监管的流程再造，从根本上解决巡查、执法的不规范问题，并能通过基础数据采集和信息挖掘，实现对企业分类分级，对重点企业的重点巡查以及对重点问题的专项巡查。在对企业和隐患分类分级的基础上，系统自动对巡查案件进行执法分流，从根本上改变了传统的执法模式，实现执法效率与执法规范的双提升。该系统通过移动App适时监控安全人员、执法人员的工作动态，实现即时监督。安全人员、执法人员的工作实时记录在案，经得住随时检查，从而做到“事过留痕，人过留迹”，实现自动化监督考核。

10.2　智慧安监系统的创新举措

1. 打造隐患自报平台，借助“互联网 +”落实企业主体责任

智慧安监建设的理念，就是要借助“互联网 +”这个工具，以公开透明的运行机制为前提，以强有力的行政执法为后盾，引导企业主动落实安全生产主体责任。

智慧安监将打造企业隐患自查自报平台，以统一的技术标准指导企业落实安全生产主体责任，改变传统单向的巡查执法模式，构建以企业自查自报为主、政府监督管理为辅的双重管理模式，共同着力创造安全生产的新环境。

2. 构建企业大数据库，运用分类分级实现动态管理

传统的信息数据收集方法反馈不及时，标准不统一，不利于突出安监工作的重点。智慧安监通过构建企业大数据库及企业安全动态分类分级的监管体系，运用分类分级和排名，数字化处理企业的安全状态及事故隐患，突出执法重点，使安监工作更具针对性。

智慧安监将全区企业按安全状况分为重点监管及一般监管两类，根据企业评分对企业进行分级，自动生成企业评分排名，所有企业都实行一季度一查；实时更新平台内的数据，为安监工作的整体评估及任务部署提供科学可靠的重要参考依据，优化安监巡查执法的资源配置。

3. 再造系统工作流程，建立巡办分离工作机制

智慧安监系统通过巡办分离厘清职责，运用流程再造杜绝执法选择性，从根本上解决巡查、执法的不规范性问题。

① 智慧安监系统实行巡查执法责任制：安全人员按照网格化方式确定巡查人员的责任片区，并将发现的隐患上传至系统。系统根据隐患扣分情况实现企业动态排名，分数排名靠后的10家企业及多次未整改的企业自动被列入执法清单。安全人员与执法人员皆以系统为工作平台，无须人工交接工作。

② 智慧安监系统实行负面清单管理：对于基于大数据和事故分析而总结出来的重大、特大事故隐患，执法人员将其对应的负面清单作为主要的执法依据，从而形成安全监管工作的执法重点。

③ 智慧安监系统实行安全生产闭环管理：可随意查询系统内的所有流程，可提醒关键节点到期情况。隐患从被发现到被清除，案件从立案到结案，整个过程实施闭环管理。系统经过流程再造，实现安全生产执法的高效运作和公平公正，有效预防腐败发生，使企业更加理解和支持安全生产监管工作。

4. 建立倒逼管理机制，创新监管模式

智慧安监系统建立倒逼管理机制，将执法管理压力与巡查管理压力相结合，让双重压力推动企业落实主体责任。双压力系统是指“动态分区执法”压力系统和“诚信公示”压力系统。

①“动态分区执法”压力系统：在事故隐患经过数字化处理后，系统对企业按分值的高低划分区域，分别将其列入蓝色、黄色和红色区域，并对不同区域的企业实施不同的执法力度，其中，红色区域执法力度最大，处罚概率也最大。同时，企业可实时获取分类分级和排名状态，从而更主动地落实安全生产主体责任，主动消除各种重大、特大事故隐患，提高企业分值，让企业尽量避免进入红色区域，降低被执法和处罚的概率。

②“诚信公示”压力系统：企业建立诚信公示档案供大家查询监督。安全人

员发现隐患并在下发巡查记录的同时，将巡查记录在网上公示，企业整改完毕后需如实上报整改数据，如安全人员在复查中发现整改报告存在虚假情况，则会将“诚信公示”名单特别标注，直至隐患整改完毕。

“双压力系统”治理模式，既有利于提高安监工作的针对性，也有利于帮助企业落实安全生产主体责任。

5. 创新执法理念，打造阳光透明执法

智慧安监系统具备强大的大数据统计分析功能，可通过构建企业大数据库，实时更新企业信息及安全动态，为安监工作的任务部署提供科学可靠的数据支撑。安全人员可通过数据库内的企业的基础信息，如危险特性、行业、工序、作业点位等，统计筛选出各类重点企业，并根据企业日常自查自报、巡查频次，对屡不整改的企业采取整治、执法行动。这极大地提高了执法的效率并突出了执法的针对性，实现了执法资源的优化配置。

智慧安监系统通过实现执法双随机，建立了公平公正的执法检查机制。智慧安监系统通过“巡办分离”厘清职责，运用流程再造杜绝执法选择性，从根本上解决了巡查、执法的不规范性问题，保证了执法的公平和公正。

6. 统一量化工作指标，基于大数据实现智能考核

系统建立基于大数据的考核督办机制，各项考核整治通过系统后台自动处理完成。系统利用 GPS 对安全人员及执法人员的工作轨迹进行实时监督，并根据统一业务量化标准对安全人员及执法人员的工作质量进行评优排序，对业务流程节点进行预警和提示，推动工作的高效落实。

在安全生产监管工作中，传统的监管模式缺乏统一的考核机制和实时的整治监管，怠工、偷懒现象时有发生。智慧安监系统通过移动终端实时监控安全人员、执法人员的工作动态，并将其工作记录在案，做到“事过留痕，人过留迹”。系统预设指标，使巡查执法与监督考核同步进行，统一考核标准，实现线上自动监督考核。

10.3 智慧安监系统的运行状况

1. 依托安全生产网格化建设，实现全方位无缝监管

智慧安监系统在宝安区 4833 个基础网格的基础上合理划分安全生产网格单元，并使 222 个安全网格与 4833 个基础网格实现互联互通，对安全生产进行全方

位、无死角的监管巡查与整治，真正实现安全生产监督一个角落都不遗漏的目标。

2. 规范队伍建设，实行人机绑定、责任捆绑

各街道依照“巡办分离”的工作机制，专设巡查队伍、督查队伍、运营队伍、整治队伍及执法队伍，每个队伍各司其职，按照网格化巡查的要求，定人、定格、定责，制订并实施标准规范，实现巡查全方位、全覆盖、无死角。全区安全人员基本实现“一人一机”，通过移动终端进行考勤和量化考核，从而实现人机绑定、责任捆绑。

智慧安监系统创新安全监管工作机制，按照“巡办分离”原则，实行“一巡三办”的工作机制，对巡查、整治与执法的工作人员实行三级责任捆绑。巡查与整治的工作机制采用网格巡查、交叉整治的模式。

3. 智慧安监系统运行监测数据

智慧安监系统根据人、格、物、事四大元素，实行数据动态实时监测，内容包括安全巡查员、整治员、执法员、督查员每日工作动态监测、企业安全生产数据监测和安全隐患追踪等，并将具体数据监测应用情况汇总成智慧安监“三个一”运行周报。

4. 完善制度，规范流程

智慧安监系统改造传统的安监模式，可更好地管人、管事、管队伍，使业务流程标准合理化、业务能力高效透明化，真正推动企业落实好安全生产主体责任并提高安监行政监管的效率和质量，最终实现“安全宝安”“智慧宝安”的最高目标。智慧安监系统用科技与制度为安全生产保驾护航，其业务流程如图 10-1 所示。

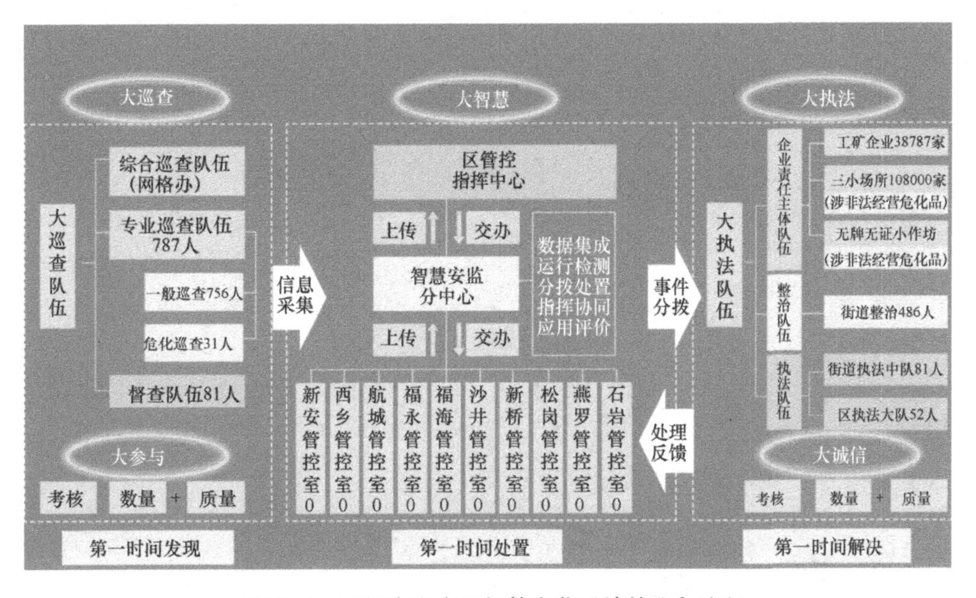

图10-1 深圳市宝安区智慧安监系统的业务流程

参考文献

[1] 刘强,崔莉,陈海明．物联网关键技术与应用 [J]. 计算机技术,2010,37（6）:1-4.

[2] 王粉花，年忻，郝国梁，等．物联网技术在生命状态监测系统中的应用 [J]. 计算机应用研究，2010，27（9）：3375-3377.

[3] 马军，孙颖，穆士乐．应需而生的物联网应用 [J]. 现代电信科技，2010（4）：57-61.

[4] 蒋林涛．互联网与物联网 [J]. 电信工程技术与标准化，2010（2）：1-5.

[5] 朱良青．安全生产大数据应用分析 [J]. 民营科技，2017（5）：70.

[6] 方来华．安全生产大数据研究与应用 [J]. 现代职业安全，2017（2）：80-81.

[7] 顾亮．大数据在安全生产指挥中心的建设及应用 [J]. 铁道通信信号，2017，53（7）：60-62.

[8] 章云海．安全生产大数据应用对策研究 [J]. 广东安全生产，2017（8）：60-61.

[9] 刘正伟．大数据在安全生产中的应用——用大数据指导安全监管工作 [J]. 劳动保护，2017（1）：14-18.

[10] 杨鹊．大数据时代基层安全生产监督管理研究 [J]. 中国管理信息化，2016，19（12）：211-212.

[11] 杨彦，田连成．大数据技术在企业安全生产预警系统中的应用 [J]. 铁路节能环保与安全卫生，2015，5（2）：87-89.

[12] 聂欣．我省安全生产信息化深度发力“三个一 + 大数据中心”推进监管科学化 [J]. 江苏安全生产，2017（4）：47.

[13] 周璐．大数据在安全生产中的应用 [N]. 安全与环境学报，2016（6）：179-182.

[14] 曾胜．重大危险源动态智能监测监控大数据平台框架设计 [N]. 中国安全科学学报，2014，24（11）：166-171.

[15] 高宏．大数据如何成为安全生产“利器”[J]. 安全与健康，2014(6)：38-39.

[16] 王明贤，吴礼勇，王新泉．基于 IEEE 802.11 无线局域网在突发事件救援现场的应用 [J]. 中国安全科学学报，2013（9）：111-116.

[17] 孙健，裴顺强，缪旭明．现代科学技术在应急监测预警中的应用 [J]. 中国应急管理，2011（7）：48-52.

[18] 乜甄．“互联网＋安全”开启安全生产监管新模式 [J]. 中国设备工程，2015（9）: 32-35.

[19] 闫涛，吕丽民．物联网技术在企业安全生产中的应用 [J]. 计算机技术与发展，2012（2）: 226-228.

[20] 施祖建，汪丽莉．物联网在安全生产领域的应用研究 [J]. 能源技术与管理，2010（6）: 99-100.